本書のダウンロードデータと書籍情報について

本書に付属のダウンロードデータは、ボーンデジタル公式HP内の『#休日ゲーム開発部 土日で始めるゲームづくり for UE5』のWebページからダウンロードいただけます。配布データ（ZIPファイル）およびZIP展開用パスワードについては、STEP4の「オリジナルキャラクターを入れてみよう」（P.34）をご参照ください。

『#休日ゲーム開発部 土日で始めるゲームづくり for UE5』のWebページ
https://www.borndigital.co.jp/book/9784862465887/

また、上記Webページでは、追加・更新情報や発売日以降に判明した誤植（正誤）などを掲載しています。本書に関するお問い合わせの際は、事前にこのページをご確認ください。

本書で使用するUnreal Engineのバージョンについて

本書のチュートリアルは、執筆時点（2024年8月）の最新バージョンである**UE5.4.3**をもとに制作されています。UE5のユーザーインターフェース（以降、UI）や手順はバージョンアップによって変わる可能性があるため、「**UE5.4系**」[1]のバージョンで進めていただくことを推奨します。バージョンが離れるほど本書と一致しない箇所が増えていきますので、**UE5.4以外**でハンズオンを行う場合は十分ご注意ください。インストールおよびバージョンに関する詳細は、STEP2（P.10～）で解説しています。

[1] Unreal Engineのインストールでは、「パッチバージョン」と呼ばれる一番末尾の番号（例：UE5.4.3）は常に"最新版のみ"しか選択できない仕様となっています。そのため、今後のマイナーアップデート（例：UE5.4.3→UE5.4.4）により、本書に掲載されているスクリーンショットやUI名称と完全に一致しない箇所が出てくる可能性があることをご了承ください。

■ ダウンロードデータご使用上の注意
本書に付属のデータはすべて、株式会社ヒストリア（ゲームメーカーズ運営会社）が著作権を有します。配布する3Dモデルは商用・非商用を問わず、ご自身が制作するゲームにお使いいただけます。詳細はフォルダ内の「利用規約.txt」をご確認いただき、規約範囲内でのみご活用ください。なお、当データを使用することによって生じた偶発的または間接的な損害について、出版社ならびにデータファイル制作者は、いかなる責任も負うものではありません。

■ 著作権に関するご注意
本書は著作権上の保護を受けています。引用の範囲を除いて、著作権者および出版社の許諾なしに複写・複製することはできません。本書やその一部の複写作成は、個人使用目的以外のいかなる理由であれ、著作権法違反になります。

■ 責任と保証の制限
本書の著者、編集者および出版社は、本書を作成するにあたり最大限の努力をしました。ただし、本書の内容に関して明示、非明示に関わらず、いかなる保証も致しません。本書の内容、それによって得られた成果の利用に関して、または、その結果として生じた偶発的、間接的損害に関しての一切の責任を負いません。

■ 商標
Epic Games, Inc.、Epic、Epic Games、Epic Gamesロゴ、Fortnite、Fortniteロゴ、Unreal、Unreal Engineは、米国およびその他の国々におけるEpic Games, Inc.の商標または登録商標であり、無断で複製、転用、転載、使用することはできません。本書に記載されている社名、商品名、製品名、ブランド名、システム名などは、一般に商標または登録商標で、それぞれ帰属者の所有物です。本文中には、©、®、™は明記していません。

はじめに

『#休日ゲーム開発部 土日で始めるゲームづくり for UE5』をお手にとっていただき、ありがとうございます！本書は人生で初めてゲーム制作に挑戦する方や、「なんとなくアンリアルエンジンに触ってみたい」という方に向けたハンズオン本です。

一般的な教則本との違いは、「各STEPを1つずつ終わらせることで、1つのゲームができあがっていくこと」。勉強の側面もありますが、まずは「作って遊ぶ」ところを意識して執筆しました。一方、作る順番や作り方については、実際のゲーム会社でのワークフローとなるべく変わらないものを目指して構成しています。

UE5は、『フォートナイト』などでお馴染みのEpic Gamesが開発するゲームエンジン「アンリアルエンジン」の最新バージョンです。ゲームエンジンとは、ゲーム制作を目的としたソフトウェアのこと。UE5はプロのゲーム開発現場でも広く用いられており、これまでにも数多くの有名タイトルに使用されてきました。そして、誰でも無料で使い始めることができます！

本書では、このUE5を使って、ジャンプアクションでステージを進んでいく3Dアクションゲームを制作します。UE5をインストールしてキャラクターモデルを読み込み、「動く床」や「トゲ」などのステージギミックを作り、これらを組み合わせてステージを作っていきます。

チェックポイントやムービーシーンの作り方、さらに完成したゲームを書き出して誰かに遊んでもらう方法までをお伝えしますので、うまくいけばこの土日で「自分のゲーム」と呼べるものが完成するかもしれません！

ゲーム制作は思ったよりも身近になっていて、コンテストや展示会など発表の場も増え続けています。みなさんにもぜひ、この一冊を最初の一歩として、楽しいゲーム開発ライフを送っていただければ嬉しいです。

ゲームメーカーズとは

ゲームメーカーズは、2022年5月10日にオープンしたゲームづくり系Webメディアです。プロ・アマを問わず全てのゲーム開発者に向けた情報サイトとして、最新ツール情報やアイデアの種になるようなインタビュー記事、講演レポートなど1,800本以上の記事を公開してきました。

自由な発想をもとにルールや世界を作る「ゲームづくり」の魅力を、より多くの方にお伝えすることが私達のテーマです。本書を通じて、一緒にゲームづくりを楽しみましょう！

ゲームメーカーズ 編集長 神山 大輝

ゲームメーカーズ
https://gamemakers.jp/

CONTENTS

注意書き ……………………… 2
はじめに ……………………… 3

chapter 1　準備をしよう！　　7

STEP 1　PCを用意しよう　　8
- ゲームづくりを行うためにPC（パソコン）を用意する　　8
- PC、マウス、キーボード、ディスプレイを用意する　　8

STEP 2　ゲームエンジン「UE5」をインストールしよう　　10
- Epic Gamesアカウントを作成する　　10
- ランチャーをインストールする　　11
- UE5をインストールする　　13

STEP 3　カンタンな操作方法を覚えよう　　15
- Epic Games LauncherからUE5を立ち上げる　　15
- 3Dゲームの基本「サードパーソン」テンプレートを読み込む　　17
- 実際にゲームを「プレイ」する　　18
- 視点の移動方法を覚える　　20
- ステージ上のオブジェクトを編集する　　21
- ボール（スフィア）をステージに置く　　25
- ボールが転がるように設定する　　26
- ボールを転がすステージを作る　　27
- 視点を切り替える　　30
- プレイヤーがスタートする地点を変更する　　31
- ボールの質感を変える　　32

STEP 4　オリジナルキャラクターを入れてみよう　　34
- 配布データをダウンロードする　　34
- 遊日コロンの3Dモデルをプロジェクトに導入する　　35
- キャラクターの見た目を変更する　　37
- アニメーションを変更する　　39

STEP 5　今回作るゲーム『トゲトゲ△コロンワールド』の紹介　　40
- サンプルゲームで遊ぶ　　40
- 今後のSTEPを確認して、制作の流れをつかむ　　42
- ゲームはさらに進化する！　CHALLENGEでブラッシュアップ　　43

chapter 2 プロトタイプをつくろう！ ... 45

STEP 6 コードを書かずにゲームの仕組みを作る方法 ... 46
- ノーコードでプログラミングを実現する「ブループリント」 ... 46
- 3Dアクションゲームでよく見る「動く床」はどう処理されているか ... 46
- ブループリントが実行される流れ ... 49

STEP 7 シンプルなステージギミックを3つ用意しよう ... 51
- ブループリントを格納するためのフォルダを用意する ... 51
- 「動く床」のブループリントを作る ... 53
- 乗りやすいサイズの床板を作る ... 54
- イベントグラフ画面でノードをつなげる ... 56
- タイムラインノードで「床がどのくらい動くのか」を設定する ... 59
- 「場所を変える」ノードをつなぐ ... 61
- 「動く床」をゲーム内に配置して、動きを確かめる ... 63
- 「触るとゲームオーバーになるトゲ」を作ってステージに配置する ... 65
- 「動くトゲ」を作る ... 73

STEP 8 ギミックを組み合わせてステージを作ろう ... 82
- レベルを複製する ... 82
- 「グレーボクシング」でステージの構造を決める ... 84

chapter 3 見た目をリッチにしよう！ ... 95

STEP 9 背景を差し替えて、ビジュアルを豪華にしよう ... 96
- アセットとは？ ... 96
- マーケットプレイスで無料アセットを入手する ... 97
- ランドスケープ機能で地形を作る ... 109
- ギミックの見た目を差し替える ... 121
- レベルを好きなように彩る ... 129

STEP 10 サウンドとエフェクトでリッチな演出を作ろう ... 132
- ゴールのアクタを作る ... 132
- エフェクトを発生させる ... 134

ブラッシュアップしよう！ 141

CHALLENGE 1 UIを作って遊びやすくしよう 142
- UIのアセットを保存するフォルダを作成する 142
- UIのアセットを新規作成する 143
- 作成したUIアセットを表示させる処理を実装する 151
- UIにリスタート処理を追加する 154

CHALLENGE 2 チェックポイントを作ろう 163
- チェックポイントの仕組み 163
- リスタートの処理を置き換える 163
- 「リスタート地点を指定する」アクタを作成する 173
- ゲーム中に使用するGameModeを置き換える 178
- チェックポイントを配置する 180

CHALLENGE 3 シーケンサーでゴール演出を作ろう 183
- カットシーンを保存するフォルダを作る 183
- シーケンサーエディタの見方 185
- シーケンサーを使ってカメラを動かす 187
- ゲーム内でレベルシーケンスを再生する 190

CHALLENGE 4 作ったゲームを誰かに遊んでもらおう 197
- 起動時に開かれるレベルを設定する 197
- ゲームを遊べる形に出力する 199
- 出力されたゲームをプレイする 202

準備をしよう！

皆さんが日頃から遊んでいるゲームは、ほとんどの場合PCで制作されています。まずは、ゲーム制作を行うために必要な道具である「PC」を用意し、UE5を利用できるようにアプリのインストールやアカウントの作成を行い、プロと同じ開発環境を準備しましょう。

CHAPTER 1

STEP 1 PCを用意しよう

ゲーム制作を行うために必要な道具である「PC」を用意しましょう。皆さんが日頃から遊んでいるゲームは、ほとんどの場合PCで制作されています。このSTEPでは、プロと同じ開発環境でこの後のSTEPを進めるための準備を行います。

ゲームづくりを行うためにPC（パソコン）を用意する

本書では、プロの開発現場でも用いられるゲームエンジンである「アンリアルエンジン」（以下、UE5）を使ってゲームを作る流れを体験できます。UE5はWindows、macOS、Linux環境で使うことができますが、今回はWindowsを使ってゲームを作っていきます。

KEYWORD
ゲームエンジンとアンリアルエンジン

ゲームエンジンとは、グラフィックス描画やコントローラー入力の設定、アセットの管理など、ゲームづくりに必要な要素を共通化して提供するソフトウェア。本書では「ゲームを作るための統合型の開発環境」と定義しています。

アンリアルエンジンは、Epic Gamesが提供するゲームエンジンです。『フォートナイト』や『ピクミン4』、『ドラゴンクエストXI』など、さまざまな人気タイトルで使われています。

アンリアルエンジンの最新バージョンであるUE5は、すべての人が無償で利用を開始できるうえ、使用料も基本的に不要。使用料が発生する条件の目安も「100万ドル未満の収益」で、無料でゲームをリリースすることも可能です。プロが信頼して使う開発環境を、気軽に試してみましょう！

PC、マウス、キーボード、ディスプレイを用意する

UE5を使うためにはPCが必要です。プロをはじめ、ゲーム開発者の多くが使っているPCでゲームを制作するために、これと同じ環境で手を動かしていきましょう。

PCを選ぶ基準は、基本的に「最近の3Dゲームが動くゲーミングPC」であれば問題ありません。皆さんはこれから、ゲームを作る過程で調整とテストプレイを繰り返すことになります。「作ったゲームが重くて動かない！」という状況では、テストプレイはおろかプロトタイプを作ることも難しくなるでしょう。つまり、"ゲームが作れるPC"とは、最低限"ゲームが遊べるPC"である必要があります。

UE5だけでなく、ほぼすべてのソフトウェアには「推奨スペック」が設定されています。UE5を使用する場合は特にグラフィックス性能（GPU）が高いPCが推奨されるため[1]、最低限「GPU[2]が積んである機種」を選ぶようにしましょう。

※1 推奨スペックは公式サイトで確認できる。困ったら下記URLを確認して、店員さんやPCショップに問い合わせてみよう
https://dev.epicgames.com/documentation/ja-jp/unreal-engine/hardware-and-software-specifications-for-unreal-engine?application_version=5.3

※2 言葉の意味は知らなくても問題ない。GPUとは、大まかに言えばPCにおけるグラフィックス描画や処理を担当する専用パーツで、「単体のGPUを積んでいるPC」と「積んでいないPC」がある。もちろん、前者のほうがスペックは高い。代表的なGPUとしてNVIDIA社のGeForce RTXシリーズが挙げられる

ゲーム制作に使う主なPCの種類は、「デスクトップPC」と「ノートPC」に大別できます。デスクトップPCの場合は、PC本体のほかにマウスとキーボード、液晶ディスプレイが必要です。マウスやキーボードは本体に同梱されている場合も多く、液晶ディスプレイはテレビでも代用できます。これらの道具の準備ができたら、次のSTEPに進みましょう。

CPU、GPU、メモリ、ストレージなど、いずれもスペックが高ければ高いほどよいのですが、特に重視したいのが「GPU」です。判断に迷ったら"1年以内に発売されたゲーミングPC"を選ぶか、お店の方に「アンリアルエンジンを使いたいのですが、どれが良いですか？」と聞いてみましょう。

オープンワールドなどの高度なゲームを制作する場合は、そのぶん高いスペックが求められますが、本書を進めるにあたっては「NVIDIA GTX 10 シリーズ」やそれに類する性能のGPUでも基本的には問題ありません（ただし、すでに販売終了している世代の製品であり、必ずしも動作を保証するものではありません）。本書においては「NVIDIA GTX1070」でチャレンジまで進行できることを確認済みです。

UE5はWindowsかLinux OSのPC、もしくはMacで起動できますが、本書ではWindows PCで解説を進めます。すでにMacデバイスをお持ちの方は買い替えの必要はありませんが、インストール方法やフォルダ移動を伴う作業などのmacOS特有の操作を個別に説明しませんので、あらかじめご了承ください。なお、本書で配布するサンプルゲームはWindows PC専用であり、macOS環境では動作しません。

STEP 2 ゲームエンジン「UE5」をインストールしよう

「アンリアルエンジン」をダウンロード＆インストールしましょう。必要なものは、STEP1で紹介したPCと自身のメールアドレスだけ。このSTEPでは「Epic Gamesアカウント」の作成からUE5の起動確認までを説明します。

Epic Gamesアカウントを作成する

次に、「アンリアルエンジン」をダウンロード＆インストールしましょう。必要なものは、STEP1で紹介したPCと自身のメールアドレスだけです。

UE5をダウンロードするためには、開発元のEpic Gamesが発行する「**Epic Games アカウント**」が必要です。Epic Gamesアカウントは、UE5のダウンロードに加えて、ゲーム販売プラットフォーム「Epic Games Store」でのゲーム購入や毎週無料で配布されるゲームの受け取りなどにも使用できます。

Webブラウザで「UE5」と検索して表示されるEpic Gamesのページにアクセスし、ページの右上にある「サインイン」をクリックしたら、**ユーザー登録**を行います。

Unreal Engine ダウンロードページ
https://www.unrealengine.com/ja/download

なお、すでにEpic Gamesアカウントを持っている場合は、この項目を読み飛ばして「ランチャーをインストールする」(P.11) から、UE5のインストールが完了している方はSTEP3 (P.15) から読み進めてください。

図2-1：ページ内の文章が英語で表示されていた場合、ページ右上にある地球型のアイコンから言語の切り替えが可能。その右側にある「サインイン」をクリックすると、Epic Gamesアカウントのサインイン画面に遷移する

「サインイン」画面が表示されたら、画面下部の「アカウント作成」をクリックしてEpic Gamesアカウント作成ページに移動します。

画面のガイドに従い、生年月日や氏名、パスワードを入力しましょう。サービス利用規約を読んで同意して手順を進めると、メールアドレス宛にセキュリティコードが届きます。このコードを入力し、「メールアドレスの認証」をクリックすれば、Epic Gamesアカウントの作成とEpic Games アカウントへのサインインが完了しました。

図2-2：
「続ける」をクリックすると、Epic Games アカウント登録画面に遷移する

図2-3：
生年月日を入力し、「続ける」をクリック

図2-4：
テキストボックスに個人情報を記入し「続ける」をクリックすると、アカウントの登録が完了する

ランチャーをインストールする

　UE5をダウンロードするために必要なランチャー「Epic Games Launcher」をインストールします。
　サインイン後のページ下部にある「ランチャーをダウンロードする」からランチャーのダウンロード・インストールを行います。

図2-5：サインイン完了後、「ランチャーをダウンロードする」をクリックすることでEpic Games Launcherのダウンロードが開始される

ダウンロードした「EpicInstaller」をダブルクリック等で起動すると、インストール画面が表示されます。画面上のガイドに従って、Epic Games Launcherのインストールを行ってください。ダウンロードやインストールには少し時間がかかりますが、慌てずに待つようにしましょう。

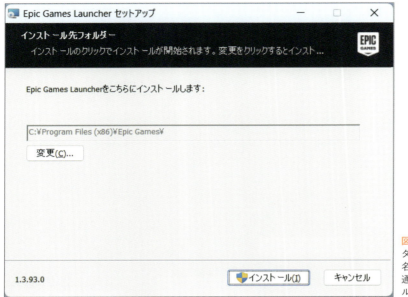

図2-6：
ダウンロードされたファイルの名前は「EpicInstaller～.msi」で、通常はPCの「ダウンロード」フォルダに格納される

　インストールが完了したら、Epic Games Launcherを起動します。起動後は、P.11で設定したメールアドレスおよびパスワードを使ってサインインします。サインイン時には、P.11と同様にセキュリティコードの入力が必要な場合もあります。

図2-7：サインイン画面。もし、ランチャー内の文章が英語で表示されていた場合は、画面左下の歯車アイコンをクリックし、「LANGUAGE」内のドロップダウンメニューから「日本語」を選択する。その後、「今すぐ再起動する」をクリックすることで言語変更が完了する

KEYWORD
Epic Games Launcher

一般的に、ランチャー（Launcher）とは利用頻度が高いアプリケーションなどを簡単に起動するための機能またはソフトウェアのこと。この Epic Games Launcher は、UE5 のダウンロードや起動、そして Epic Games Store で購入したゲームの起動や管理も行えます。

UE5 をインストールする

　ここからは、Epic Games Launcher を使って UE5 をダウンロード、インストールする方法を説明します。サインインが完了したら、ランチャー左側にある「Unreal Engine」をクリックします。次に「ライブラリ」を選択し、「Engine バージョン」右隣の「＋」ボタンをクリックします。

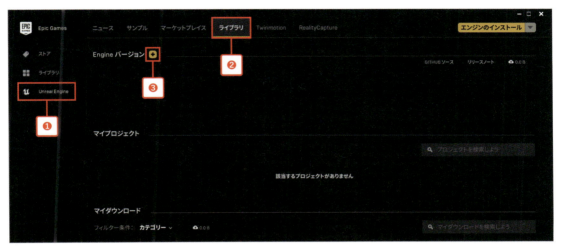

図 2-8：「Unreal Engine」→「ライブラリ」→「＋」ボタンの順にクリックする

　続いて、バージョン番号の右隣の「▼」ボタンをクリックし、インストールするバージョンを選択します。UE には数多くのバージョンが存在しますが、「5.4.x」（「x」はそのとき表示されている数字）を選んでください。

図 2-9：バージョン番号の右側にある「▼」ボタンをクリックすることで、インストールしたいバージョンの UE を選択できる

最後に「インストール」をクリックすると、UE5のダウンロードとインストールが開始されます。

図2-10：「インストール」をクリックしてUEのダウンロードを開始する。ダウンロードにはかなり時間がかかるため、ランチャーを立ち上げたままPCで別の作業をしていても問題ない

バージョン名の下にあるボタンに「起動」と書かれていれば、インストールは完了です！

図2-11：
UEのインストールが完了した

👉 POINT

Unreal Engineのバージョン

一般的に、ソフトウェア名と一緒に書かれたバージョンの数字は、そのソフトウェアがアップデートやバグ修正された特定のタイミングを指し、そうした更新が行われるたびに数字が増えます。またUE5.4.3のように、[.]で区切られたバージョン表記を「セマンティック バージョニング」と呼びます。バージョン表記の多くはメジャーバージョン、マイナーバージョン、パッチバージョンの順に書かれ、この並びはソフトウェアにとって重要度の高い順番でもあります。メジャーバージョンの数字が増えたとき（メジャーアップデートが起こったとき）は大幅な機能追加などが行われ、パッチバージョンの数字が上がったときはバグ修正など比較的小規模なアップデートが行われたことを指します。

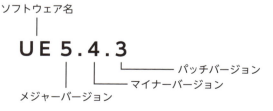

執筆時点ではUE5.4.3が最新環境でしたが、この書籍がお手元に届く頃にはきっと新しいバージョンが登場していることでしょう。「UE5.x.x」のようにマイナーバージョン以下のアップデートであれば、本書の内容を問題なく読み進めることができるはず。いつかUE6が登場した場合は……。未来は誰にも分かりません。

STEP 3 カンタンな操作方法を覚えよう

いよいよ自分だけのゲーム制作が始まります。このSTEPでは、UE5の起動から新しいゲームの作成、簡単なステージの作成を通して基本的な操作の習得を目指します。

● Epic Games LauncherからUE5を立ち上げる

　Epic Games Launcherを起動し、「Unreal Engine」タブを選択後、画面上部の「ライブラリ」を開きましょう。ライブラリ内に表示されたUE5の「起動」ボタンをクリックし、UE5を起動しましょう。なお、初回起動時に「UE Prerequisites (x64)」といったウィンドウが表示されたら、「はい」をクリックします。

図3-1：ライブラリ内の「起動」ボタンをクリックすれば、UE5が起動。もしライブラリ内にUE5が表示されない場合は、再度UE5をインストールし直してみよう

図3-2：UE5の起動には時間がかかる。この画面の状態のまま、しばらく待機しよう

図3-3：
場合によっては、Windows標準のファイアウォールが起動することがある。その際は適切な設定を選び、「許可する」をクリックする

「**プロジェクトブラウザ**」が表示されたら、起動は成功です。

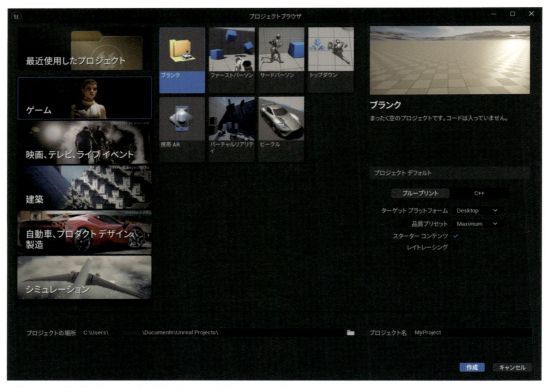

図3-4：UE5起動後は、プロジェクトブラウザが最初に立ち上がる

KEYWORD
プロジェクトとプロジェクトブラウザ

制作中のゲームや、それを構成するファイル一式をまとめて「プロジェクト」と呼びます。プロジェクトブラウザでは、自身のプロジェクトや、Epic Gamesが用意したテンプレートプロジェクトの作成・管理ができます。

3Dゲームの基本「サードパーソン」テンプレートを読み込む

プロジェクトブラウザ左側に表示された「ゲーム」をクリックすると、プロジェクトを作成する際のベースとなるテンプレートが複数表示されます。

図3-5：プロジェクトブラウザには、ゲームだけでなく、映画やテレビ、建築や自動車、プロダクトデザイン用のテンプレートも用意されている

この中から、三人称視点の3Dアクションゲームに関する基本的な仕組みが最初から含まれているテンプレート「**サードパーソン**」を選びます。

次に、あなたのゲームに名前を付けましょう。画面右下の「プロジェクト名」に、**半角英数字でプロジェクトのタイトルを入力**します。本書では例として「MyFirstGame」という名前を付けました。プロジェクト名を入力したら、「**スターターコンテンツ**」にチェックが入っていることを確認し、「**作成**」**ボタン**をクリックします。これでサードパーソンテンプレートをベースにプロジェクトが作成されます。PCのスペックによっては、作成までに少し時間がかかる場合もあります。

図3-6：ゲームのベースとなるテンプレートを選び、名前を入力し、「作成」ボタンをクリックするとプロジェクトが作成できる

POINT
プロジェクト名に関する注意点

プロジェクト名は日本語も入力できますが、半角英数字が一般的です。また、使用できない特殊文字も存在し、そうした文字を入力すると警告文が表示されます。警告文の内容を読んで対処しても解決しない場合は、例と同じく「MyFirstGame」にしておくのが無難でしょう。

使用できない文字を入力すると、警告文が表示される

実際にゲームを「プレイ」する

プロジェクトの作成が完了したら、自動的にUE5のエディタが立ち上がります。

エディタ画面は、灰色の壁や立体物が配置された「ビューポート」と呼ばれるゲーム画面のビューワーや、さまざまなアイコンが並ぶツールバーなどによって構成されています。

3D空間上への物体（オブジェクト）の配置やゲームの仕組みの実装など、UE5を使った工程のほぼすべては、このエディタを通して行われます。

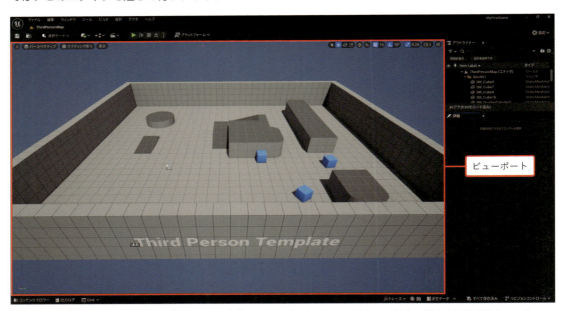

図3-7：プロジェクト作成直後のエディタ画面。中央にビューポートがあり、周りには設定に関する項目が並んでいる

試しに、サードパーソンテンプレートの初期状態でゲームをプレイしてみましょう。エディタ画面上部にある▶ボタンをクリックするとゲームが始まります。

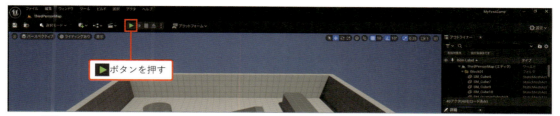

図3-8：▶ボタンをクリックすると、開発中のゲームをプレイできる

　ゲームプレイ中、キャラクターの操作はキーボードとマウスで行います。なお、プレイ画面でキャラクターを動かすには、画面のどこかをクリックする必要があります。

- キャラクターの操作方法
  - WASDキー：移動
  - スペースキー：ジャンプ
  - マウス：視点移動

図3-9：キャラクターはキーボードとマウスで操作する

　キャラクターを操作して、ステージの中を走り回ってみましょう。スロープを上ったり、段差から飛び降りたり、青いボックスを転がしてみたり……。一通りプレイしたら、Escキーを押してプレイを終了します。

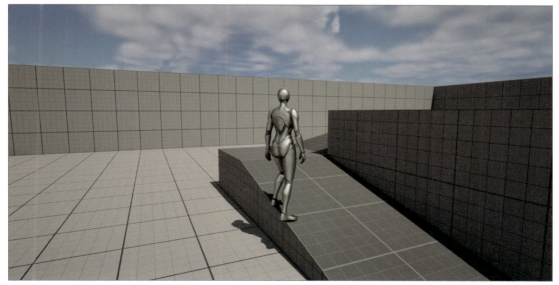

図3-10：マウスとキーボードを使って銀色のキャラクターを操作してみよう

無事にキャラクターを動かせましたか？　これが今の「MyFirstGame」の中身です。走ったりジャンプしたりと、キャラクターを動かす仕組みは最初から用意されているものの、まだ「ゲーム」というには物足りなさを感じます。

これから本書を通じて、「MyFirstGame」を「一通り遊べる3Dアクションゲーム」に拡張していきましょう！

> **POINT**
> **ゲーム制作を中断したくなったら？**
> UE5のエディタは、一般的なソフトウェアと同様に画面右上の「×」ボタンをクリックすることで終了できます。終了する場合は、画面左上の「ファイル」から「すべて保存」を選択して、制作したゲームの変更点を保存しましょう。Ctrl＋Shift＋Sキーでも同様に保存操作が可能です。
> 制作を再開する場合は、Epic Games LauncherからUE5を立ち上げて、最近使ったファイルから「MyFirstGame（または自分で付けた名前）」をダブルクリックしてプロジェクトを立ち上げます。

視点の移動方法を覚える

壁やスロープといった各オブジェクトの移動・複製などの基本操作を覚えるために、ステージの中身を改造して簡単なオリジナルステージを制作してみましょう。

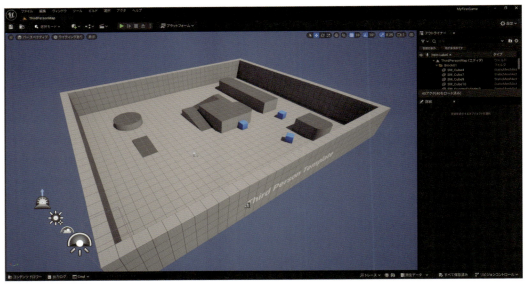

図3-11：テンプレートとして用意されたステージ。これを改造して、別のステージを作っていく

3Dゲーム制作で最初に覚えるべき操作は、「**視点の移動**」です。サードパーソンテンプレートには3D空間にたくさんのオブジェクトが配置されているため、視点によってはほかのオブジェクトに隠れて見えないものもあります。ステージ制作に取りかかる前に、ビューポート上での視点の移動方法を知っておきましょう。

> **ビューポートの主な操作方法**
> - **左クリック＋前後ドラッグ**：視点の位置を地面に対して水平に前進・後退
> - **左クリック＋右クリック＋前後左右ドラッグ**：視点を平行移動
> - **マウスホイールの回転**：ズームイン・ズームアウト
> - **右クリック＋前後左右ドラッグ**：視点の角度を変更
> - **右クリック＋WASDキー**：視点を前後左右に移動

図3-12：ビューポートでは、右クリックしながら W A S D キー操作で視点を前後左右に動かせる

ステージ上のオブジェクトを編集する

　サードパーソンに最初から存在するステージは、スロープや立方体など複数のオブジェクトが組み合わさって構成されています。

　試しに「スロープ」のオブジェクトを動かしてみましょう。スロープをクリックするとオレンジ色のラインで囲まれ、選択状態になります。

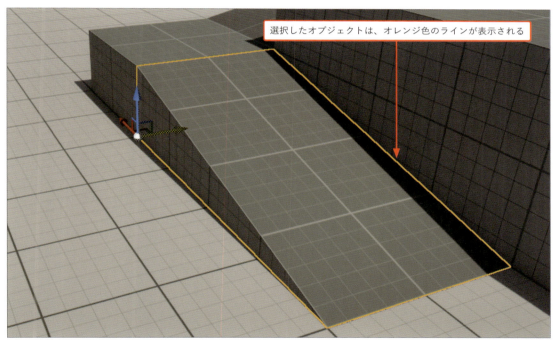

図3-13：オブジェクトをクリックすると移動や複製、削除などの操作が行える

選択状態のオブジェクトからは、矢印が3方向に伸びている見た目の「**移動ツール**」が表示されます。「移動ツール」を使って、スロープを移動させてみましょう。各矢印にマウスカーソルを合わせてドラッグすると、矢印の方向に沿って移動が可能です。

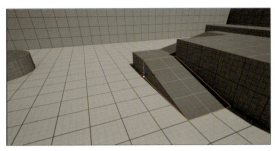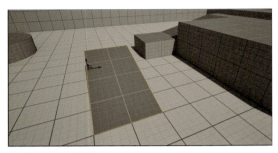

図3-14：選択したスロープに表示される緑色の矢印をドラッグし、横方向に移動させた例

移動させたオブジェクトを元の場所に戻したい場合は、Ctrl+Zキーで手順をひとつ戻しましょう。こうしたショートカットを覚えることで、効率良く制作できます。

続いて、スロープを複製して2つに増やしてみましょう。先ほどと同じくスロープを選択し、Ctrl+Cキーでコピーします。スロープをコピーしたら、Ctrl+Vキーでペーストします。

この操作では、コピー元と同じ場所にペーストされるため、スロープ同士が重なって配置されます。見た目上の変化はありませんが、スロープを横に移動させてみると2つに増えていることが分かります。

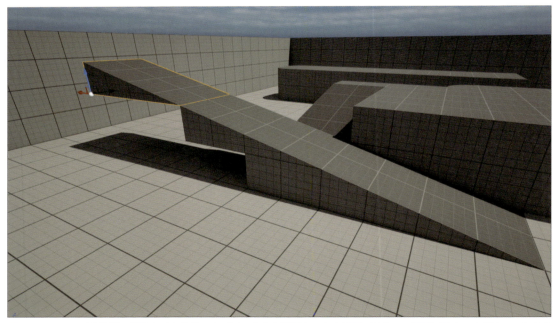

図3-15：スロープを複製・移動させた様子。オブジェクトを選択してからCtrl+Cキー→Ctrl+Vキーを押す、いわゆるコピー＆ペースト操作で複製が可能

オブジェクトの削除は、オブジェクトを選択した状態でDeleteキーを押して行います。

図3-16：コピー&ペーストを使えば、画像のようにオブジェクトをいくつも増やせる。「増やしすぎた」と思ったら削除しよう

● オブジェクトを複製する別の方法

　レベル[※1]に配置されているオブジェクトを複製する別の方法も紹介します。オブジェクトを選択した状態で、Altキーを押しながら矢印をドラッグして移動させると、オブジェクトをすぐに複製できます。また、Ctrl + Dキーでも複製が可能です。この方法ではコピー元とずれた位置に複製が行われるため、コピー&ペーストとは挙動が少々異なります。

※1 オブジェクトなどを配置する空間（ゲームのステージ）を指す用語

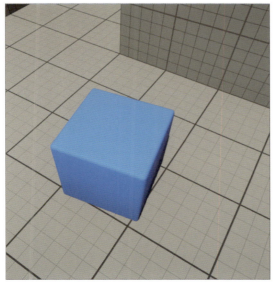 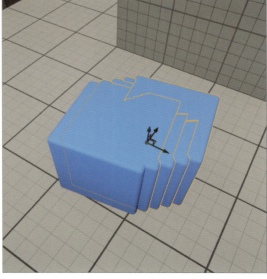

図3-17：Ctrl + Dキーを複数回押し、青いボックスを複製した（右）

● **複数のオブジェクトを同時に選択する**

ビューポート上で複数のオブジェクトそれぞれに Ctrl キー+クリックで、それらオブジェクトを同時に選択できます。この状態で移動や複製などの操作を行うと、選択しているオブジェクトすべてに操作が適用されます。

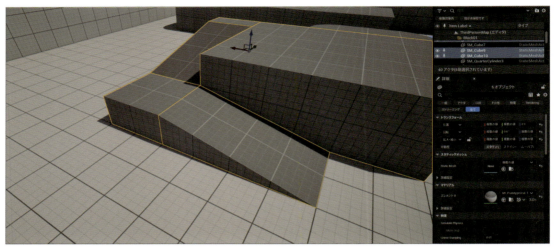

図3-18：複数のオブジェクトをまとめて選択・操作できるようになれば、オブジェクト同士の位置関係を崩さず、かつ作業を簡略化できる

● **「移動」「回転」「スケール」ツールを使い分ける**

選択したオブジェクトの位置や大きさを変更する機能を「**トランスフォーム**」と呼びます。トランスフォームでは、オブジェクトの位置を変更する「**移動ツール**」以外にも、回転（角度）を変更する「**回転ツール**」、スケール（大きさ）を変更する「**スケールツール**」が用意されています。

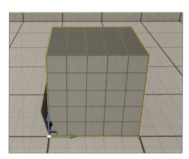 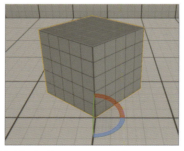 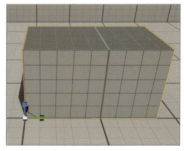

図3-19：移動ツール（左）／回転ツール（中央）／スケールツール（右）

各ツールは、対象のオブジェクトを選択した状態から W （移動）、E （回転）、R （スケール）キーで切り替えられます。また、スペースキーを押すごとに使うツールを切り替えられます。

トランスフォームのツール

- W **キー**：移動ツール（位置の変更）
- E **キー**：回転ツール（回転）
- R **キー**：スケールツール（大きさの変更）
- **スペースキー**：移動→回転→スケールの順に変更

先ほどのスロープを引き伸ばしたり、回転させたりして操作を確かめてみましょう。

ボール（スフィア）をステージに置く

次に新たなオブジェクトとして、ボールをステージ上に追加してみます。

UE5では、ボールのような球体状のオブジェクトは「球」（または「スフィア」）と呼ばれています。ステージに新たにスフィアを追加するには、まず画面左上の「+」ボタンをクリックします。

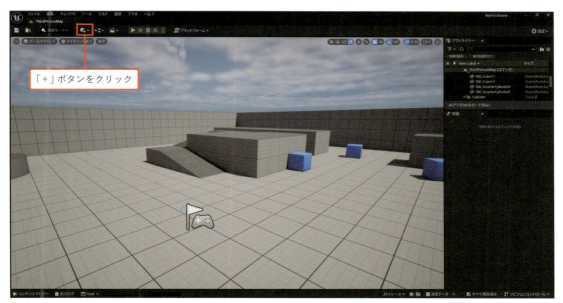

図3-20：「+」ボタンを押すとメニューが表示される

メニューが表示されたら、マウスカーソルを「形状」に合わせると、さらにメニューが表示されます。その中にある「球」をドラッグして、ステージ上の好きな場所にドロップします。

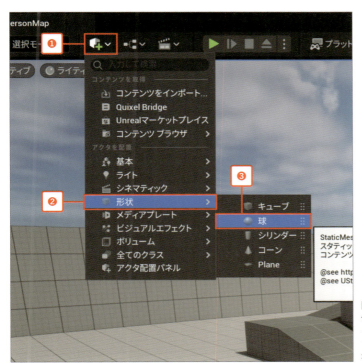

図3-21：
任意の場所へ「球」をドラッグ＆ドロップする。ほかにも「キューブ（立方体）」や「シリンダー（円柱）」、「コーン（円錐）」などの形状があらかじめ用意されている

配置したスフィアがほかのオブジェクトにめり込んでいる場合は、移動ツールを使ってめり込まない位置に移動させましょう。

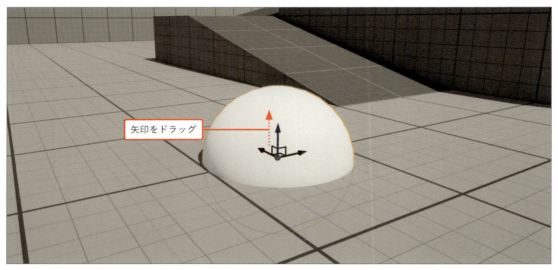

図3-22：スフィアを追加した状況によっては、地面やほかのオブジェクトに埋まっていることもある。移動ツールを使ってスフィアのめり込みに対処しよう

ボールが転がるように設定する

　球状のものは転がったほうが物理的には自然ですが、この状態ではまだスフィアは転がりません。転がるようにするには、スフィアを選択した状態で表示される画面右側の詳細パネルの中から、「物理」と書かれたタブ内の「Simulate Physics」を探し、チェックを入れましょう。

　「Simulate Physics」は、直訳すると「**物理シミュレーション**」です。この項目をオンにすることによって、スフィアは「物理的な影響を受ける」ようになります。つまり、重力の影響を受けて地面に落ちたり、横から押されて転がったりといった挙動を行うようになります。

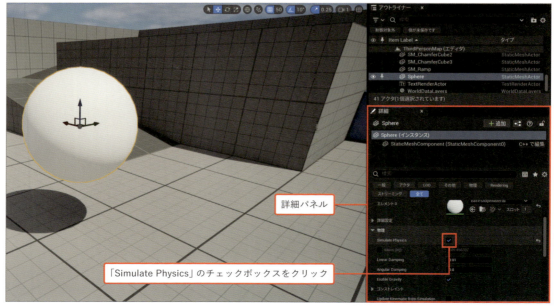

図3-23：詳細パネル内に「Simulate Physics」がある。見当たらないときは下方向にスクロールしよう

実際にゲームをプレイし、スフィアを動かしてみましょう。正しく設定できていれば、スフィアが重力によって傾斜を転がり、キャラクターに押されて動くようになっているはずです。

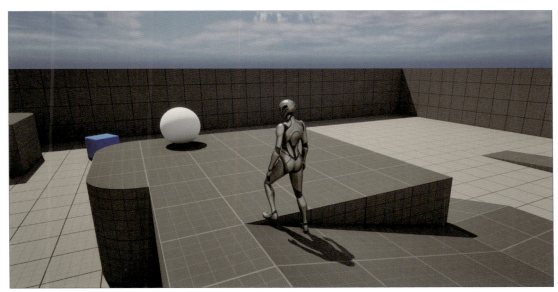

図3-24：スロープを登り、スフィアを高台まで運んでみた。ここからステージを作り込めば、よりゲームらしくなっていくだろう

ボールを転がすステージを作る

本STEPの仕上げとして、「ボールをステージの反対側まで転がす」というシンプルなゲームを作ってみましょう。ステージに配置されているオブジェクトを複製して、以下に示すステージを作ってみてください。

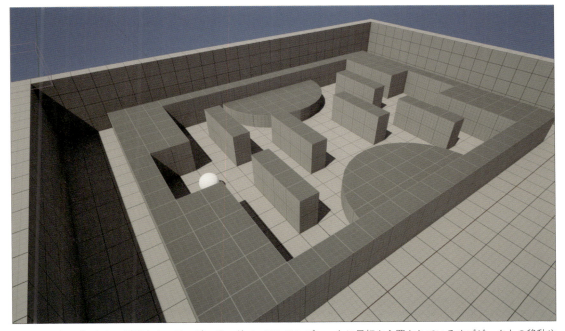

図3-25：サンプルとして用意したステージ。サードパーソンテンプレートに最初から置かれているオブジェクトの移動や回転、大きさの変更だけで作ることができる。これを作る目的はUE5の操作に慣れることなので、手本の完全なコピーを作り上げる必要はない

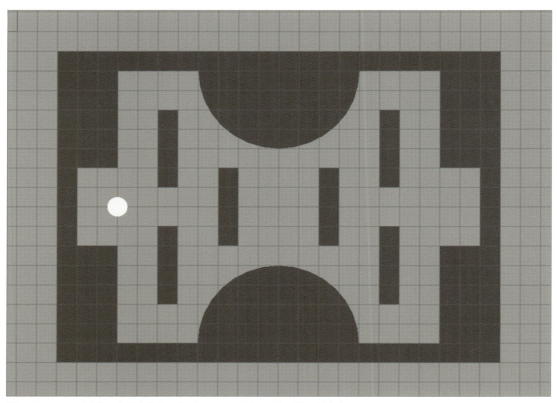

図3-26：ステージを上から見た様子。白がスフィア、濃い灰色が壁に対応する

　ステージを作るため、まずは周りを囲む壁を作ります。灰色の直方体オブジェクトを「スケールツール」を使って形を整え、複製します。位置も調整して、壁を4つ配置しましょう。

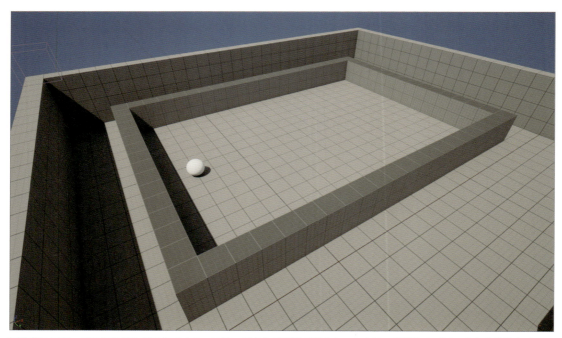

図3-27：ステージを取り囲む壁を作成する。ステージを作る空間が足りないときは、邪魔なオブジェクトを移動させておくとよい。また、スフィアも壁際に移動させておこう

同様に、四分円のオブジェクトも複製・拡大して配置します。

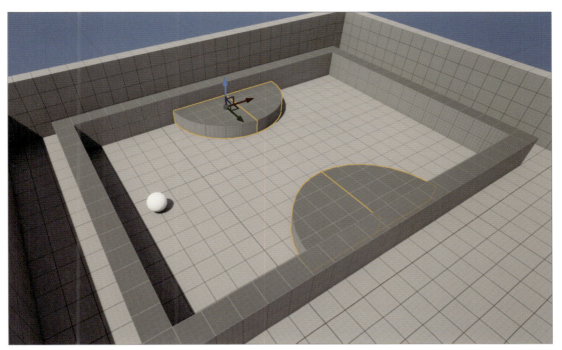

図3-28：四分円のオブジェクトを2つくっつけて配置することで、半円に見えるようにしている

　最後に、壁として作ったオブジェクトを複製し、仕切りとして使える形に整えながら配置すればステージが完成します。

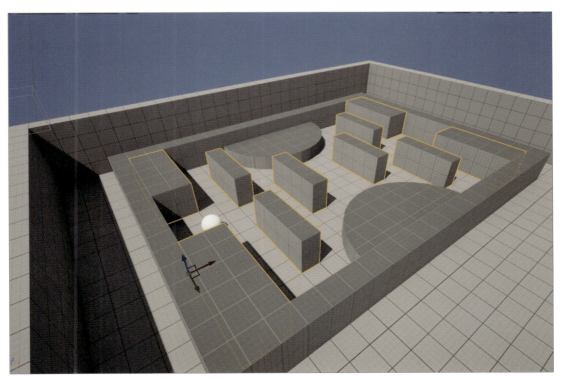

図3-29：障害物として機能する仕切りを置いた様子

先に紹介したショートカットを活用しながら、効率的にオブジェクトの移動や複製、大きさの変更を行いましょう。

> **POINT**
> **ショートカット一覧（おさらい）**
> - Ctrl + C キー：コピー
> - Ctrl + V キー：ペースト
> - Alt キー + ドラッグ：複製
> - Ctrl + D キー：複製元と位置をずらしながら複製
> - Delete キー：削除
> - W キー：移動ツール（位置の変更）
> - E キー：回転ツール（回転）
> - R キー：スケールツール（大きさの変更）
> - スペースキー：移動→回転→スケールの順に変更

視点を切り替える

ビューポートは、真上や左右から見た視点などに切り替えて表示できます。視点を切り替えることで、各オブジェクトを狙い通りに配置できているのか、確認しやすくなります。

例えば、真上からの視点に変更するにはビューポート左上の「パースペクティブ」→「上」の順にクリックします。このとき、「上」ではなく「左」や「右」などをクリックすれば、別の視点に切り替わります。

元の視点に戻したいときは、同じくビューポート左上の「(現在の視点名)」→「パースペクティブ」の順にクリックしましょう。

なお、もしもオブジェクトなどが線だけで描画されてしまった場合は、ビューポート左上に表示された「ワイヤーフレーム」をクリックし、「ライティングあり」を選べばいつも通りの描画に切り替わります。

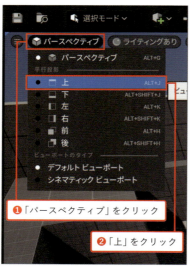
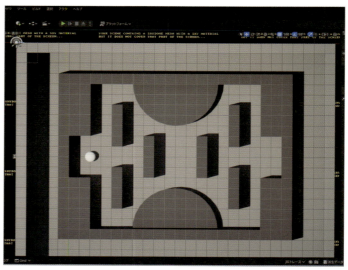

図3-30：真上から見た視点に変更した画像（右）。ステージの構成を客観的にチェックしやすい

プレイヤーがスタートする地点を変更する

　最後に、プレイヤーのスタート地点を変更します。ゲームをプレイしているだけでは気付きづらいですが、自分でゲームを作る場合は、プレイヤーがゲームを開始したときの初期位置もしっかり設定する必要があります。

　UE5では、「PlayerStart」と呼ばれるオブジェクトの位置がプレイヤーの初期位置となります。サードパーソンテンプレートには、すでに「PlayerStart」が配置されています。図3-31と同じオブジェクトを探して、作成したステージ内の好きな場所に移動させておきましょう。

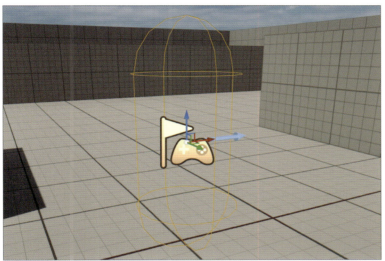

図3-31：
「PlayerStart」。旗とコントローラーが表示されている

　これで「ボールを転がして遊ぶ」という、もっともシンプルなゲームが完成しました。

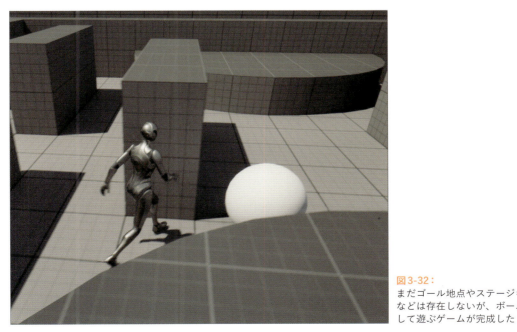

図3-32：
まだゴール地点やステージギミックなどは存在しないが、ボールを転がして遊ぶゲームが完成した

ボールの質感を変える

そろそろ無機質な灰色のステージにも飽きてきたはずです。背景を差し替えてビジュアルを豪華にする方法はSTEP9（P.96）で解説しますが、ここでは簡易的にボールに色や模様をつける方法だけ説明します。

まずはエディタ画面左下の「**コンテンツドロワー**」**をクリック**するか、Ctrl＋**スペースキー**を押して、画面下部に「**コンテンツドロワー**」を表示させましょう。

画面下部から出てきた「**コンテンツドロワー**」は、ゲームを構成するデーター式へ手軽にアクセスできる機能。レベル、ブループリント、3Dモデル、エフェクト、BGM、効果音などさまざまなデータが格納されていることを確認できます（ブループリントについてはSTEP6 [P.46] で解説）。

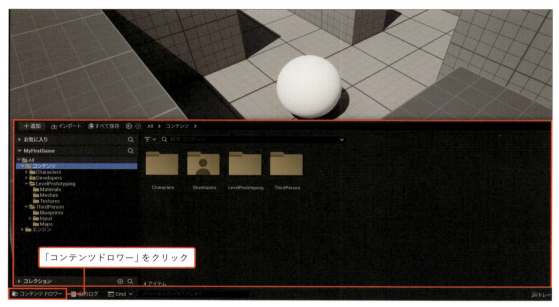

図3-33：コンテンツドロワーには、ゲームづくりに使えるさまざまなデータと、そのフォルダ階層を確認できる。コンテンツドロワー中央に表示されたフォルダアイコンや、画面左側のフォルダ名をダブルクリックすることで、そのフォルダの内容が表示される

コンテンツドロワー内のデータはフォルダ構造で管理されています。コンテンツドロワー左側に表示された各フォルダに付いた「▶」をクリックすると、フォルダの中身が表示されます。「All」→「コンテンツ」→「StarterContent」内の順にクリックし、「Materials」フォルダをクリックして、フォルダの中身を見てみましょう。

「Materials」フォルダには、オブジェクトの色や質感を決める「マテリアル」が格納されています。この中からマテリアルを1つ選び、ステージ上のスフィアに適用してみます。

図3-34：「StarterContent」フォルダには、「Materials」フォルダのほかにも、テクスチャ（画像データ）が入った「Textures」フォルダも格納されている

KEYWORD
マテリアルとテクスチャ

「マテリアル」や「テクスチャ」はゲームにおいてよく出てくるキーワードで、UE5をインストールした時点でたくさんのデータが用意されています。いずれも見た目を変える性質を持つ要素ですが、役割は少し異なります。

- テクスチャ：オブジェクトに貼り付ける画像ファイルのこと
- マテリアル：反射や光沢など含む、表面上の質感のこと

UE5において、マテリアルをステージ上のオブジェクトに適用する手順は非常に簡単です。「Materials」フォルダの中から、自分の好きな見た目のマテリアルを選んで、スフィアにドラッグ＆ドロップしてみましょう。

図3-35：
コンテンツドロワーの中身は一見複雑だが、どこになにがあるかをすべて把握する必要はない。今のところは「この中の素材を使えば、対象の素材や色を変えることができる」という理解で問題ない

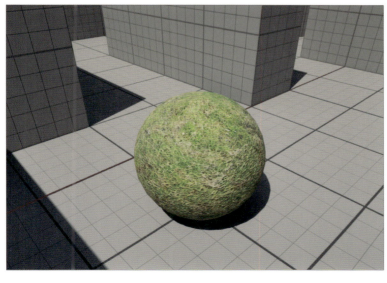

図3-36：
「M_Ground_Grass」というマテリアルをスフィアに適用した。見た目以外の変化はなく、スフィアの転がり方などに影響はない。さまざまなマテリアルを貼り付けて、見た目の変化を楽しもう

本STEPでカメラ操作、オブジェクトの移動や複製、スフィアの追加、そしてマテリアルを適用する方法を説明しました。一通りの操作に慣れたら、次のSTEPに進みましょう。

STEP 4 オリジナルキャラクターを入れてみよう

プレイヤーキャラクターの見た目や動きが変われば、ゲームが与える印象も大きく変わります。本STEPでは、ゲームメーカーズのオリジナルキャラクター「遊日コロン」の3Dモデルとアニメーションデータを使って、プレイヤーキャラクターを変更する方法を説明します。

配布データをダウンロードする

本STEPでは、ゲームメーカーズのオリジナルキャラクター「遊日コロン」の3Dモデルとアニメーションデータを使って、プレイヤーキャラクターの見た目と動きを変更する方法を説明します。

遊日コロンに関連するデータは本書の配布データの一部として格納されており、配布データ一式は以下のURLからダウンロードできます。

※本書に掲載した配布データの画像は制作中のものであり、実際にダウンロードしたデータと見た目などが異なる場合があります。使い方や説明に影響はありませんが、ご了承ください。

配布データ ダウンロードページ
https://www.borndigital.co.jp/book/9784862465887/

ZIPファイル展開時のパスワード
c73dg845

ダウンロードしたZIPファイルを展開すると、「Content」→「Colon」フォルダ内に、3Dモデルやアニメーションなどのデータが格納されていることが確認できます。

図4-1：「Colon」フォルダには「Animations」「Materials」「Meshes」「Textures」フォルダが格納されている。これら4つのフォルダにデータが入っていることを確認しよう

遊日コロンの3Dモデルをプロジェクトに導入する

　遊日コロンの3Dモデルデータは、UE5で作ったプロジェクトのフォルダ内に置くことで使えるようになります。プロジェクトのフォルダを開くため、まずはEpic Games Launcherを改めて起動しましょう。

　Epic Games Launcherで「Unreal Engine」→「ライブラリ」をクリックして、制作しているプロジェクトの一覧を表示します。プロジェクトの画像（サムネイル）を右クリックし、「フォルダで開く」を選択することで、プロジェクトのフォルダを表示できます。

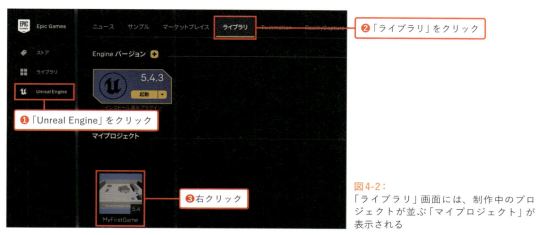

図4-2：「ライブラリ」画面には、制作中のプロジェクトが並ぶ「マイプロジェクト」が表示される

図4-3：プロジェクトを右クリックして「フォルダで開く」を選択する。本書の通りに名付けていれば、プロジェクト名は「MyFirstGame」になっている

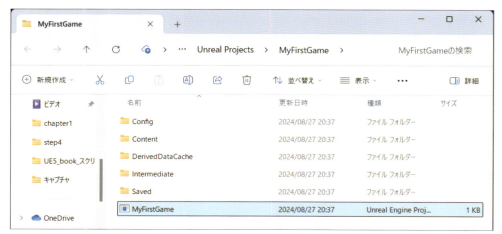

図4-4：「フォルダで開く」をクリックすると、Windowsのエクスプローラーが起動し、プロジェクトのデータが格納された画面が開く

プロジェクトのフォルダ内の「Content」フォルダをダブルクリックして開きます。

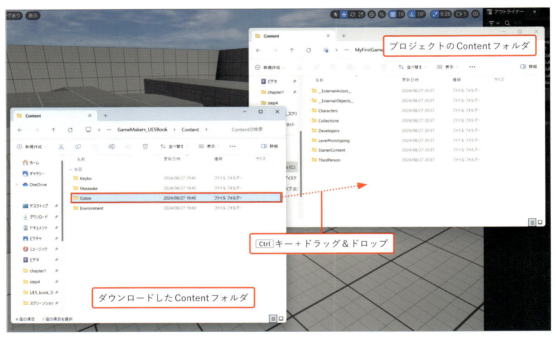

図4-5：プロジェクトで使用する素材データは「Content」フォルダに入っている。ここに先ほどダウンロードしたデータをドラッグ＆ドロップで格納していく

この「Content」フォルダに、配布データにある「Colon」フォルダを Ctrl キー＋ドラッグ＆ドロップでコピーしましょう。

図4-6：プロジェクトの「Content」フォルダ直下にコピーしないとデータを正しく読み込めないため、データのコピー先はよく確認しよう

図4-7：プロジェクトの「Content」フォルダ内に「Colon」フォルダが追加されていればOK

データのコピーが終わったら、データを入れたプロジェクトをUE5で開きましょう。コンテンツドロワーで「コンテンツ」→「Colon」→「Meshes」フォルダを開き、図4-8と同じように遊日コロンのデータが入っていれば成功です！

図4-8： 手順通りに進めば、この通りにキャラクターが表示されているはず。「キャラクターが表示されていない」『「Colon」フォルダ内の「Animations」や「Textures」のフォルダが空っぽ』という状況であれば、ダウンロードが失敗しているか、ファイルのコピーが途中で中断されてしまった可能性がある。もう一度、ダウンロードからやり直そう

キャラクターの見た目を変更する

プレイヤーキャラクターを、デフォルトのキャラクター[※1]から遊日コロンに差し替えていきます。プレイヤーキャラクターは「ブループリント」と呼ばれる"仕組みを作る機能"で作られています。ブループリントについてはSTEP6（P.46）で詳しく説明するため、今は「そういうものがあるんだな」という認識で問題ありません。

※1 余談だが、UE5に最初から入っている銀色のキャラクターは「Quinn」という名前。このほかに「Manny」というキャラクターが用意されており、2人合わせてManny-Quinn……つまりマネキンとして提供されている

コンテンツドロワーから「コンテンツ」→「ThirdPerson」→「Blueprints」に移動し、プレイヤーキャラクターのブループリント「BP_ThirdPersonCharacter」をダブルクリックして開きましょう。新たなウィンドウに、次のページの図4-9のような画面が開きます。

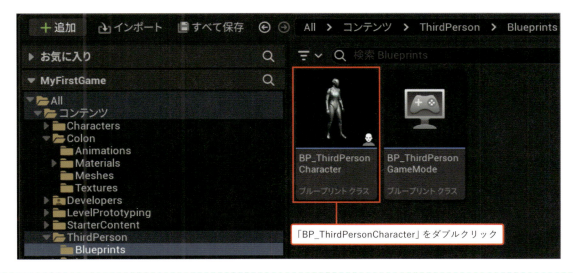

「BP_ThirdPersonCharacter」をダブルクリック

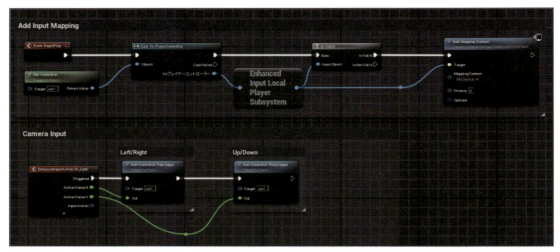

図4-9：ブループリントの設定などを行える編集画面が新しく表示される

　ブループリント編集画面「ブループリント エディタ」が開けました。次に、プレイヤーキャラクターに使っている3Dモデルの設定を変更します。画面右側の**「詳細」パネル**の中から**「メッシュ」**と書かれたカテゴリを探してください。メッシュ内の「Skeletal Mesh Asset」の右側にある**「SKM_Quinn_Simple」**をクリックすると、プロジェクトで使用できる3Dモデルのリストが表示されます。リストの中から「SK_Colon」を選べば、3Dモデルの設定は完了です。

❶「SKM_Quinn_Simple」をクリック
❷「SK_Colon」をクリック

図4-10：
「SKM_Quinn_Simple」だった部分が「SK_Colon」に変わっていることを確認しよう

アニメーションを変更する

P.36でプロジェクトにコピーしたデータには、遊日コロンのアニメーションデータも入っています。3Dモデルの設定変更と同じ要領で「Animation」カテゴリの「Animクラス」を「ABP_Quinn_C」から「ABP_Colon」に変更しましょう。

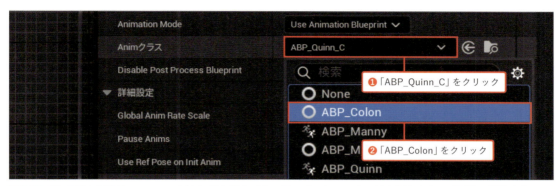

図4-11：3Dモデルを遊日コロンのモデルに差し替えても、アニメーションまでは変更されない（初期の「SKM_Quinn_Simple」用のまま）。ダウンロード・コピーした「ABP_Colon」に変更することで、遊日コロンの専用アニメーションを設定できる

図4-12：「Animクラス」が「ABP_Colon_C」になっていることを確認しよう

これで、プレイヤーキャラクターの差し替えは完了です！　ブループリント編集画面の右上にある「×」ボタンで閉じ、ビューポートの▶ボタンをクリックし、実際にプレイしてみましょう。遊日コロンを操作できるようになっていれば成功です。

図4-13：キャラクターの設定が完了したら、実際に操作してみよう

STEP 5 今回作るゲーム『トゲトゲ△コロンワールド』の紹介

ここから本格的なゲーム制作を始めましょう。本書では実際のゲーム開発の手順をなぞりながら、しっかりと遊べるゲームを制作します。今回作るのは、高難度の3Dジャンプアクション『トゲトゲ△コロンワールド』。遊日コロンを操作して危険なトラップをかいくぐり、ゴールを目指すゲームです。

● サンプルゲームで遊ぶ

　配布データの中には『トゲトゲ△コロンワールド』のサンプルゲームも入っています。BGMなどは用意していませんが、これから作るゲームがどういった内容なのか、理解が深まるでしょう。ぜひ遊んでみてください。
　ダウンロードした配布データ内の「Demo」フォルダにある「DemoGame」をダブルクリックすることで、ゲームが起動します。

図5-1：ダウンロードしたファイルを実行して、ゲームを起動しよう

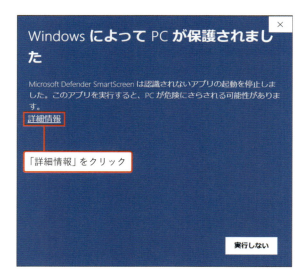

図5-2：
「WindowsによってPCが保護されました」というウィンドウが表示されたときは、「詳細情報」→「実行」の順にクリックすれば起動する

プレイできるステージは「Easy」と「Normal」の2種類。ギミック数や難易度が異なります。

図5-3：Easyステージ。やさしめのギミックで構成されている

図5-4：Normalステージ。Easyで使っているギミック同士を組み合わせて、アクションの難度が上がっている。採用しているギミックはEasyと同じだが、より発展したステージになっている

ゲームの操作方法は以下の通りです。

『トゲトゲ△コロンワールド』操作方法

【キーボード・マウス】
- WASDキー：移動
- スペースキー：ジャンプ
- マウス：視点移動
- Escキー：ポーズ

【ゲームパッド】
- 左スティック：移動
- Aボタン：ジャンプ
- 右スティック：視点移動
- Startボタン：ポーズ

2つのステージはどちらも、シンプルな3つのギミック「動く床」「当たると死ぬトゲ」「動くトゲ」によって構成されています。このように少ない要素だけでも、面白いゲームは十分作ることができます！

今後のSTEPを確認して、制作の流れをつかむ

『トゲトゲ△コロンワールド』を作るには、「1. ギミックの実装」「2. ステージの設計」「3. ステージの装飾」「4. ゴールの実装」という工程が必要です。次のSTEPからは、サンプルゲームのEasyステージをもとに、それぞれの工程を解説していきます。

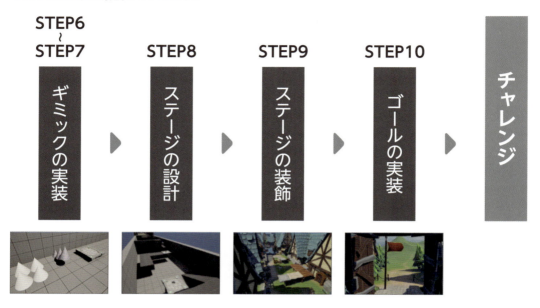

STEP6〜7では、コードを書かずにプログラミングできるUE5の機能「ブループリント」を使って、ステージを構成する3つのギミック「動く床」「当たると死ぬトゲ」「動くトゲ」を実装します。

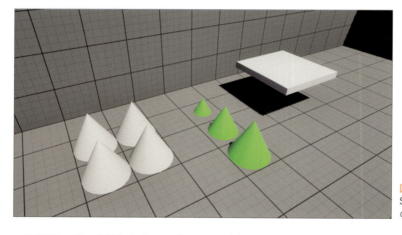

図5-5：
STEP6〜7で実装する3つのギミック

STEP8では、実装した3つのギミックを活用してステージを設計する工程「レベルデザイン」を行います。実際に遊んでみて楽しいかどうかを検証するために、シンプルな直方体や立方体のモデルなどでプロトタイプを作る方法について説明します。

STEP9ではシンプルな3Dモデルを見栄えのする3Dモデルに差し替え、ステージの構成を変えずに背景のビジュアルを豪華にする工程を行います。

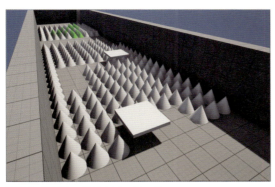
図5-6：STEP8で設計するステージ

図5-7：STEP9では、ステージの見た目を豪華にしていく

STEP10では、サウンドとビジュアルエフェクトについて扱います。触れるとSE（効果音）とエフェクトが発生する「ゴール」を実装し、ゲームを完成形に仕上げます。

図5-8：
STEP10で実装するゴール。
触るとエフェクトと音が出る

ゲームはさらに進化する！　CHALLENGEでブラッシュアップ

さらにゲームを発展させたい方のために、最後のCHAPTERとして4つのCHALLENGEも用意しています。CHALLENGE1では、ゴール時に表示するUIと、ステージのリスタート機能を実装します。CHALLENGE2では、チェックポイントの仕組みを実装。プレイヤーがミスしても、ステージの途中からリスタートできるようにします。

CHALLENGE3ではカットシーンを作成し、ゴールしたときの演出をさらにリッチにします。

本書最後の項目であるCHALLENGE4では、完成したゲームをほかのPCでも遊べるように出力する方法について解説します。

図5-9：CHALLENGE1で実装するUI

図5-10：CHALLENGE3で制作するカットシーン

COLUMN
ゲーム開発のワークフロー

このSTEPで説明した内容は、実際のゲーム開発現場における作業手順を踏襲しています。このコラムでは、ゲーム会社でアクションゲームを開発する流れの一例を紹介します。

企画書
- ゲームのコンセプトやターゲット、基本的なシステムを決め、資料にまとめる。

↓ 面白さの検証・確立

グレーボクシング
- レベルデザイン
- 簡易ギミック
- 簡易アニメーション
- 簡易UI
- 仮SE

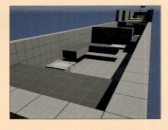

- 極力シンプルな空間と仕組みで、ゲーム性を確かめる。
- グラフィックは、作品の面白さがはっきりするまで仮のものを使う。
- ゲームの詳細なシステムを定める「仕様書」を並行して作成することもある。

↓ 1ステージができあがる

プロトタイプ（α版）
- レベルデザイン
- 簡易ギミック

- 1ステージを通してプレイできるようにする。作成する1ステージは、完成形に近い品質まで作りこむこともある。
- この工程で、ゲームの基本システムは確定する。

↓ すべての要素を実装する

量産（β版）
- 全ステージを作る
- メニューを作る
- グラフィック完成
- チュートリアルを作る
- ボイスを入れる
- SE/BGMを入れる

- プロトタイプで決めた要素のバリエーションを膨らませていく。
- 基本的なシステムはプロトタイプから変わらないが、ゲームプレイをより発展させる。

↓ 商品として磨く

調整・デバッグ
- バグをつぶす
- ゲームバランスの調整
- リリースの準備

- ゲームプレイに支障をきたす、体験を損なうようなバグを修正する。
- 商品の完成度を上げていく工程。

↓

リリース!!

- 完成したゲームを発売する。

本書でこれから行う作業は、本質的にはプロトタイプまでの工程にあたります。さまざまなギミックを追加し、ステージのバリエーションを増やすのが「量産」、ステージギミックがうまく動作しないなどのバグを減らしていくのが「デバッグ」の工程にあたります。

プロトタイプをつくろう！

プロトタイプ制作は、ゲームの方向性を決定する重要な工程です。CHAPTER2では、プレイヤーが遊ぶステージのモックを作成する「グレーボクシング」工程を実践します。「動く床」や「トゲ」など、ステージに用いるギミックの実装でプログラミングの基礎を学んだ後、作ったギミックを活用したステージの設計を行いましょう。

CHAPTER 2

STEP 6 コードを書かずにゲームの仕組みを作る方法

ゲームの仕組みを作るには「プログラム」が必要ですが、UE5では「プログラムを文章で打ち込むソースコード」を一切書かずにゲームの仕組みを作れます。グラフィカルで分かりやすい「ブループリント」を使って、さまざまな仕組みを作ってみましょう。

ノーコードでプログラミングを実現する「ブループリント」

人間は「目の前に落ちているリンゴを拾う」という行為をたやすく行えます。しかし、コンピュータは「一歩前に進む」→「しゃがむ」→「右腕をリンゴまで伸ばす」→「リンゴを手でつかむ」→「右腕をもとの場所に戻す」→「立ち上がる」→「一歩下がる」など、細かな命令がなければ正しく動きません。

プログラムとは、コンピュータに指示通り動いてもらうための命令を記したデータのこと。このデータの作り方(**プログラミング**)は何通りもありますが、最も想像しやすいのは「プログラマーと呼ばれる職業の人が、英語で難しいコードを書いていく」ことではないでしょうか。ただ、プログラムを正しく書けるようになるためには、長い時間をかけた学習が必要です。

3Dアクションゲームでよく見る「動く床」はどう処理されているか

3Dアクションゲームにおける典型的なステージギミック「動く床」。上下左右、あるいは複雑な軌道で移動し、タイミングよくジャンプして上に乗り、主に移動手段として活用されるギミックです。

ただ同じ位置をループして動いているだけに見えますが、それを実現するためには「床をどの位置に移動させるのか」「どの時間にどれだけ移動していればよいのか」を決める必要があります。そこで、「この時間では"10"を出力する」のように、**時間の流れに沿って数字を出力する処理**と、**受け取った数値の位置に床を移動させる処理**を組み合わせます。これによって「時間経過で床を移動させる」処理を実現しています。

```
[ゲームが始まったら動き始めよう] → [時間の流れに沿って数字を出力しよう] → [その数字を受け取って○○を動かそう]
```

0秒のときは「0」
1秒のときは「1」　⤴ ループする
2秒のときは「0」

図6-1：動く床は、「ゲームが始まったら動作開始」→「時間の流れに沿って数字を出力」→「数字を受け取って対象を動かす」といった命令の組み合わせで作られている

このような処理の組み合わせをプログラムで書くのは大変ですが、コードを書くことなくプログラミングできるシステム「ブループリント」を活用すれば、初学者でも簡単に実装できます。

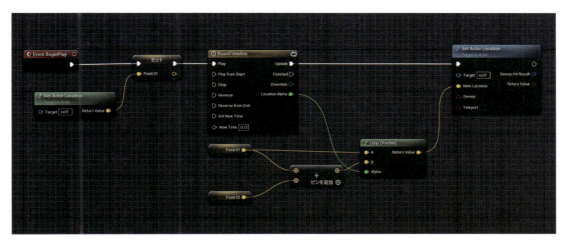

図6-2：ブループリントで実装した動く床の仕組み。図6-1のような概念図とほとんど同じ見た目でプログラムを構築できる。今は難しそうに見えるかもしれないが、この後一手順ごとに説明するので安心してほしい

ブループリントは、単純な機能を持つ「ノード」を組み合わせてゲームの仕組みを実装する、UE独自のシステムです。複数のノードをつなげることで、「ボタン入力がされたら○○する」「物にぶつかったら××する」などの複雑な機能を実現できます。

● **ブループリント**を構成する三大要素

ブループリントでプログラミングするうえで特に重要な3つの要素を紹介します。

▶ ノード

四角い箱の見た目の「ノード」は処理そのものです。

図6-3：ノードの例

例えば、キャラクターをジャンプさせる処理は「Jump」ノードとして扱います。「ノードを実行する ＝ ノードに対応した処理を実行する」と考えましょう。UE5には、「オブジェクトを移動させる」「足し算を行う」などさまざまな処理を実行するノードが用意されています。また、自身が作成した処理をノードとして扱うこともできます。

▶ ピン

　ノードが行う処理には、ノード外の追加データ（数値や文字など）を必要とするものや、処理の結果をほかのノードへ受け渡すものもあります。例えば、足し算を行うノードは別のノードから数値を受け取って足し算を処理し、その結果を別のノードに渡せます。

　ノード内の左右端には、処理に応じた種類の「ピン」と呼ばれる丸や三角の図形が表示されます。左端のピンは、そのノードの処理が必要としているデータ（入力）を、右端のピンは、処理の結果として受け渡すデータ（出力）を示しています。同じ種類の入力ピンと出力ピンをつなぐことで、ノード間でデータをやり取りできます。

図6-4：丸や三角の図形がピンを示している

　三角形のピンは「**実行ピン**」と呼ばれます。左側の実行ピンに信号が送られたときにノードの処理が実行され、処理が終わると右側の実行ピンへ処理が流れていきます。データを受け渡すほかのピンとは異なり、実行ピンは各ノードを実行する順番を決めるために使われます。ノードの処理が完了すると、出力側の実行ピンにつながった別のノードが次に実行・処理されます。

図6-5：実行ピンの例

　青や黄緑色の丸いピンは、処理に使われるデータを入力・出力するピンです。

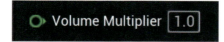

図6-6：
このピンでは音量の倍率を数値として入力できる。
「1.0」と書かれている入力欄で、値の直接入力が行える

　ピンの色が黄緑色なら数値、赤色なら真／偽（例えばオン／オフなど）といったように、ピンの色の違いによって扱うデータの種類が異なります。黄緑色のピンである「Volume Multiplier」では「1.0」は入力できますが、「オン」や「オフ」は入力できません。つまり、ピンの色は、どのような種類の値を扱っているのかを示しています。

▶ ワイヤー

出力ピンと入力ピンは「ワイヤー」で接続します。ノード同士をワイヤーでつなげることで、出力ピンのデータを入力ピンに送ることができます。

図6-7：この画像では「Make Literal String」ノードから、文字を表示する「Print String」ノードへ「Hello UE5!」というデータが送られる

ブループリントが実行される流れ

ブループリントの要素を理解したところで、ブループリントの見方を把握しておきましょう。ブループリントの処理が実行される順番は、ノード同士の実行ピンのつながりによって決定されます。任意のノードにおける処理の流れは、以下の通りです。

1. 入力側の実行ピンに接続されたノードの処理が完了するのを待つ
2. 自身の処理を実行する
3. 出力側の実行ピンに接続されたノードの処理を実行させる

そのため、処理は左にあるノードから右にあるノードに向かって順番に実行されるように見えます。図6-8の赤いノードは「**イベント**」と呼ばれます。入力側に実行ピンがないことからも分かるように、**処理のスタート地点**となるのがイベントノードです。

図6-8：「Event BeginPlay」は、ゲームが始まったときに実行されるイベント。このノードの実行ピンは「Print String」ノードの実行ピン（白いピン）とつながっているため、「ゲーム開始時に『Hello UE5!』を表示する」処理が実装されていることになる

実行ピン以外のピンにおいては、出力ピンから入力ピンへデータが受け渡されます。実際にデータが受け渡されるのは、入力ピンを持つノードの処理が実行されるタイミングです。そのため、実行される前のノードの出力ピンからデータを受け取ることはできません。

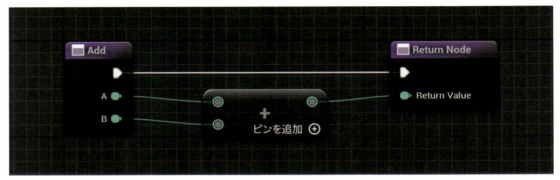

図6-9：中央にあるのは足し算を行うノード。AとBの2つの数値を受け取り、A + Bの結果を「Return Value」へ流す。実行ピンを持たないノードは、そのノードの出力ピンがつながったノードが実行されるたび、処理が実行される

　ノードの右側にある実行ピンに何も接続されていなければ、そこで処理が終了します。

図6-10：「Destroy Actor」の右側の実行ピンはどこにもつながっていないため、ノードの処理が終わった後は何も起こらない

STEP 7 シンプルなステージギミックを3つ用意しよう

本STEPでは、ブループリントを使って「動く床」「当たると死ぬトゲ」「動くトゲ」を実装します。新しいブループリントを作成し、ギミックの対象（動く床であれば「床」のオブジェクト）を追加。その後、ノードを組み合わせることで、それぞれのギミックを実装していきます。

ブループリントを格納するためのフォルダを用意する

"タイミングよくジャンプで飛び移る遊び"を生み出すギミック「動く床」を作っていきましょう。ここでは、最もシンプルな「左右に移動する床」を作成します。

はじめに、これから作るブループリントをまとめておくフォルダを用意します。UE5でプロジェクトを開き、「コンテンツドロワー」→「コンテンツ」の順にクリックし、「コンテンツ」フォルダの中身を開きましょう。

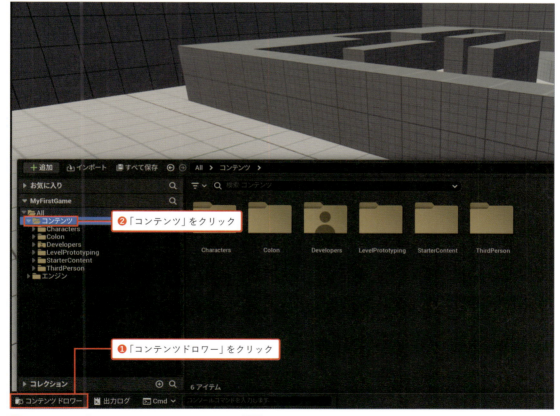

図7-1：P.32で記載した通り、コンテンツドロワーは Ctrl +スペースキーの操作でも表示できる

その後、コンテンツドロワー右側の、フォルダやファイルが表示されていない場所で右クリックすると、メニューが表示されます。その中から「新規フォルダ」をクリックして、コンテンツフォルダ内に新しいフォルダを作ります。フォルダが作成されると、フォルダ名を入力できる状態になります。フォルダの名前は「MyFirstGame」（プロジェクト名と同じ名前）に変更しましょう。

図7-2：コンテンツドロワー右側の、アイコンなどが表示されていないスペースを右クリックすると縦長のメニューが現れる。「新規フォルダ」をクリックすれば、新しいフォルダが作られる

　これで、コンテンツフォルダ内に「MyFirstGame」というフォルダができました。本書では今後、自身が制作するブループリントやUIは、このフォルダに入れるルールとします。

　続いて、「MyFirstGame」を開き、先と同様の手順でフォルダを作って「Blueprints」と名付けましょう。

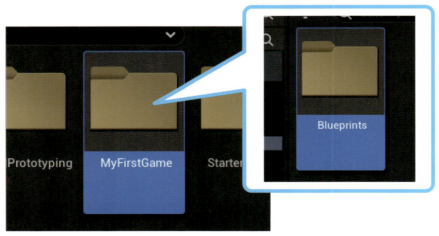

図7-3：「MyFirstGame」フォルダ内に「Blueprints」フォルダが入った状態。なお、フォルダ名の変更は、フォルダ作成後にも行うことができる。フォルダを選択した状態で F2 キーを押すと、文字を入力できる

「動く床」のブループリントを作る

「Blueprints」フォルダの中に「動く床」のブループリントを作っていきます。

「Blueprints」フォルダを開き、フォルダを作成した時と同様に右クリックでメニューを表示させたら「ブループリントクラス」をクリックします。

図7-4：右クリックした後に「ブループリントクラス」を選択する

「親クラスを選択」と書かれたウィンドウが現れるので、「アクタ」を選びましょう。

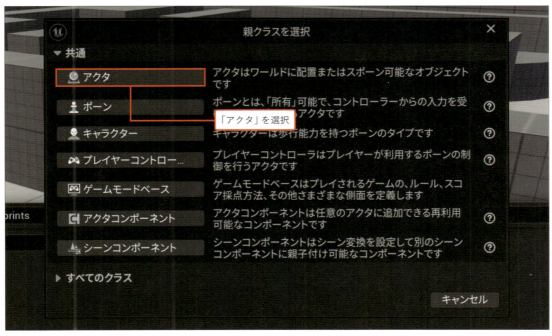

図7-5：親クラス（今回作る「動く床」のベース）を選択するウィンドウで、「アクタ」を選ぶ

新しく作ったブループリントが判別できるように、ブループリントにも名前を付けておきましょう。今回は「動く床」を作るため、「BP_MovingBoard」と名付けました。アクタの名前は必ず半角英数字で入力することを覚えておきましょう。

図7-6：名前を付け忘れた場合は、フォルダと同様に選択状態から F2 キーで編集できる。ちなみに、この操作はUE5独自のものではなく、Windowsのフォルダ名やファイル名を変更するショートカットと同じだ

KEYWORD
「アクタ」

アクタとは、UEにおいて3D空間に配置できるものを指します。ギミックだけでなく、壁や床、プレイヤーキャラクターも「3D空間に配置されるもの」という扱いであるためアクタとなります。また、ブループリントを使って「プレイヤーの操作を処理するためのアクタ」なども実装できます。データや機能だけを持っている、目には見えないアクタも存在します。

● 乗りやすいサイズの床板を作る

　コンテンツドロワーから、「BP_MovingBoard」のアイコンをダブルクリックすると、新しいウィンドウでブループリントの編集画面が開きます。まずは床板を用意するため、直方体の3Dモデルを「BP_MovingBoard」に追加しましょう。画面左上の「＋追加」ボタンをクリックし、「キューブ」を選択します。

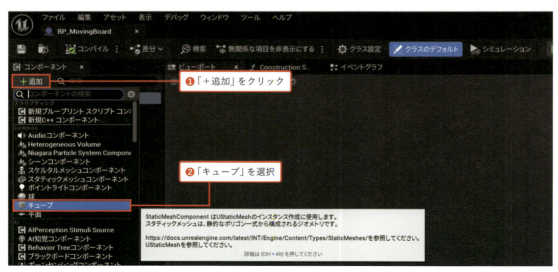

図7-7：画面左上の「＋追加」→「キューブ」をクリックすると、ブループリント編集画面のビューポートに3Dモデルが現れる。なお、ビューポートが表示されない場合はP.32を参照

これで、BP_MovingBoardにキューブの3Dモデルを追加できました。続いて、キューブを床板のように薄くしましょう。

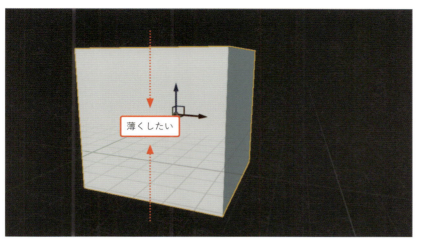

図7-8：キューブのままでは床板に見えないため薄くしたい。ここで使うのが「トランスフォーム」だ

画面右側に表示されている「トランスフォーム」にある「拡大・縮小」の数値を以下のように設定します。なお、トランスフォームに表示された値は、赤がX軸、緑がY軸、青がZ軸に対応しています。

- X：2.0
- Y：2.0
- Z：0.2

図7-9：「拡大・縮小」の値を変更しよう。数値の枠内をクリックした後、キーボードで数値を入力して Enter キーを押すと、変更が反映される

図7-10：
板状に変形したことで、キューブより乗りやすそうな見た目になった

床板の3Dモデル名は、初期状態では「Cube」という名前になっています。管理しやすくするため、「MovingBoard」という名前に変更しておきましょう。

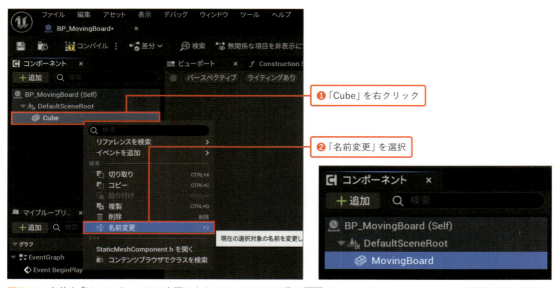

図7-11：名前を「MovingBoard」に変更したところ。これまで通り F2 キーによるショートカットでも名前の変更が可能

POINT
ブループリントの編集画面がうまく表示されない場合

アクタを作成した直後にエディタを終了し、再開してブループリント編集画面を開いた際に下図のような画面が表示されることがあります。
その際は、画面上部の「フルブループリントエディタを開く」をクリックすると、通常のブループリント編集画面に移動できます。

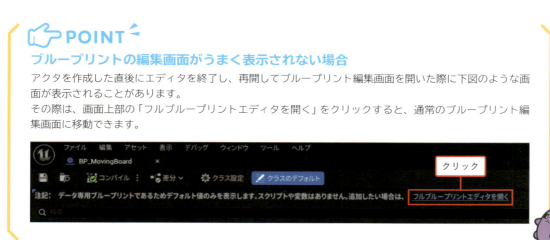

イベントグラフ画面でノードをつなげる

　いよいよブループリントを使って、床が動く仕組みを作っていきます。「ビューポート」タブの横にある**「イベントグラフ」タブ**をクリックしましょう。

図7-12：タブ一覧は画面中央上部に表示されている

● ノードを配置する「イベントグラフ」

「イベントグラフ」タブを選択すると、グリッド状の背景を備えた「イベントグラフ」画面が表示されます。

イベントグラフのように、ノードを置き、ピン同士をワイヤーでつなげて処理を組み立てる画面は「グラフエディタ」と総称されます。

図7-13：イベントグラフ画面

● ノードを選んで設置する

イベントグラフの何もないところを右クリックしてみましょう。設置可能なノードを一覧できるメニューが出現します。

図7-14：
各ノードは、「AI」や「Audio」などカテゴリ分けされている。各ノードカテゴリ名の左側に表示された「▶」をクリックすると、カテゴリ内のノード一覧が展開される

UE5には数多くのノードが用意されているため、ノード一覧のメニューから目的のノードを探すのは手間がかかります。そうしたときは、メニュー上部の検索窓を利用して絞り込みを行います。

ここでは、検索窓に「timeline」と入力して、「Add Timeline」という項目を探しましょう。クリックすると、タイムラインというノードが配置できます。

図7-15：「Add Timeline」をクリックしてタイムラインのノードを配置する

タイムラインは、時間に基づいて変化する値を管理する機能です。タイムラインを使って指定した時間の間、連続的に変化する値を出力できるノードが、タイムラインノードです。「〇秒経過したとき、床は〇cm移動しているか」のように、時間経過とできごとを関連付けられます。

● ピンをドラッグして、別のピンにつなげる

配置した「タイムライン」ノードの実行ピンを接続します。

今回は、ゲーム開始時に自動で実行されるイベントノード「Event BeginPlay」をスタート地点としましょう。「Event BeginPlay」の実行ピンを、タイムラインノードの「Play」ピンにドラッグ＆ドロップしてつなげます。

 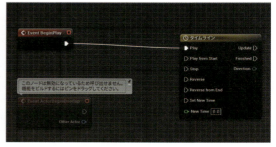

図7-16：実行ピンをドラッグするとワイヤーが伸び、ノードをドラッグすると、ノードを移動させられる。ノードの整列に使おう

実行ピン同士がつながったことで、ゲーム開始時にタイムラインノードが実行されるようになりました。

>
>
> **タイムラインノードの名前を変える**
>
> タイムラインノードは名前が決まっているほかのノードと違って、F2キーで名前を変更できます。今回は「タイムライン」の名前のままで進行しますが、タイムラインを多用するシチュエーションでは「BoardMovement」など分かりやすい名前を付けておくと管理が楽になるでしょう。

タイムラインノードで「床がどのくらい動くのか」を設定する

タイムラインノードを編集して、自動で値を出力し続けるようにします。タイムラインノードをダブルクリックし、編集画面を開きます。

「＋トラック」ボタンをクリックして「フロートトラックを追加」を選択しましょう。これで、ゲーム開始から（先ほどつないだ「Event BeginPlay」が実行されてから）経過した時間に応じた数値が出力できるようになりました。

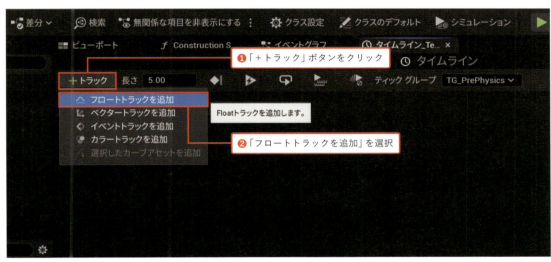

図7-17：「＋トラック」ボタンは画面の左上あたりにある

タイムラインノードが実行されると、タイムラインが始点から終点まで再生されます。終点はタイムラインの長さによって決まり、デフォルトでは5.0秒が設定されています。

タイムラインに**フロートトラック**を追加したことにより、タイムラインの再生から5.0秒間、何らかの数値が出力され続けるようになりました。

図7-18：フロートトラックの縦軸は「値」、横軸は「時間」を示している。なお、トラックには名前を付けられる。ここでは「MovementRange」とした。タイムラインの長さは、「＋トラック」ボタンの右隣に表示されている

フロートトラックでは、"この値に出力する"ことを決める点である「**キーフレーム**」を好きな時間軸に置くことで、時間によって変化する値を表現します。キーフレームは、何個でも、どの位置にも置くことができます。

図7-19：キーフレーム（白い点）を打ったフロートトラックの例。キーフレーム同士がなめらかにつながるよう、キーフレーム間の値は自動的に補間される

　フロートトラックの上で右クリックし、「CurveFloat_0にキーを追加」を選択すると、キーフレームを追加できます。位置はどこでもかまわないので、フロートトラックに3つのキーフレームを追加しましょう。

図7-20：
「CurveFloat_0にキーを追加」を選択し、キーフレームを追加する

　キーフレームが作成できたら、それぞれのキーフレームをクリックで選択し、画面上部に表示される「時間」と「値」を以下のように設定します。

- 1番目（左）のキーフレーム　　　時間：0　　　値：0
- 2番目（中央）のキーフレーム　　時間：2.5　　値：800
- 3番目（右）のキーフレーム　　　時間：5.0　　値：0

図7-21：
選択状態のキーフレームは水色で表示される。キーフレーム設定されている時間や値をクリックし、数値をキーボードで入力する

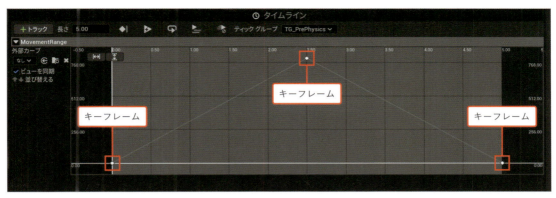

図7-22：指定の位置にキーフレームを入力したフロートトラック

> **POINT**
> **キーフレームが見づらいときは**
> キーフレームに指定する数値が大きいと、画面からキーフレームがはみ出してしまう場合があります。その際は、左上の [↔] [↕] ボタンを1度ずつ押しましょう。画面内にすべてのキーフレームが収まるように横軸・縦軸の間隔が調整して表示されます。

最後に、「ループ」ボタンをクリックして有効化しましょう。「ループ」ボタンが青く変化したら有効化した証です。これで、タイムラインの終点と始点がループするようになります。

図7-23：ループがオフだと、動く床がタイムラインの終点である5.0秒で止まってしまう

以上でタイムラインの作成は完了です。

「場所を変える」ノードをつなぐ

　時間の経過に応じて値を出力する機能ができたので、出力された値を動く床の「位置」に反映させていきます。画面中央上部の「イベントグラフ」タブをクリックして、イベントグラフ画面に戻ります。
　右クリック以外にもノードを追加する方法があります。
　タイムラインノードの右側にある「Update」ピンをドラッグし、何もないところでドロップしましょう。すると、ピン（今回は実行ピン）に接続できるノード一覧が表示されます。
　今回は「MovingBoard」（動く床の3Dモデル）の位置を再設定する「Set Relative Location(MovingBoard)」を選択しましょう。実行ピンが接続された状態でノードが配置されます。

 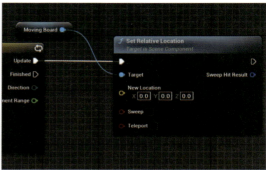

図7-24：右クリックでの操作と同様、ノードの検索機能が使える。なお、特定のアクタなどを設定・操作するノードを作ると、「Set Relative Location(MovingBoard)」といったように、ノード名に対象の名称が付与されることがある

タイムラインノードの「Update」ピンは、タイムラインの再生中、常に出力される実行ピンです。

「Set Relative Location(MovingBoard)」をつなげたことで、タイムラインが再生されている間はMovingBoardの位置が更新され続けるようになりました。

続いて、「どこに移動させるか」をノードへ入力しましょう。

まずは、更新後の位置情報をX軸・Y軸・Z軸で入力する「New Location」ピン（黄色いピン）を右クリックし、「構造体ピンを分割」を選びます。これで、**XYZ軸がひとかたまりとなっていたピンを、個別のピンとして扱える**ようになりました。

図7-25：XYZ軸のピンをX軸、Y軸、Z軸それぞれに対応したピンに分割できる（右）

分割したら、Y軸のピン「New Location Y」と、先ほど作成したフロートトラックの出力「Movement Range（または、自分で付けた名前）」をつなぎましょう。

図7-26：完成図。今回はY軸、つまり横に移動する床になるが、接続したY軸（横）のピンを Ctrl キー＋ドラッグでZ軸（高さ）のピンにつなぎ直すと、上下に移動する床が作れる

これで、フロートトラックの出力が動く床の位置に反映されるようになりました。完成したら、最後に画面左上の「保存」「コンパイル」をクリックします。どちらを先にクリックしてもかまいません。ここまで完了したら、「BP_MovingBoard」のブループリント編集画面は右上の「×」ボタンでウィンドウごと閉じても問題ありません。

図7-27：コンパイルは「ブループリントの変更を反映させること」ととらえよう。コンパイルにチェックアイコンがついていれば、コンパイルが完了している

「動く床」をゲーム内に配置して、動きを確かめる

完成した動く床をステージの好きな場所に置いてみましょう。置き方は、自分が作った「BP_MovingBoard」をコンテンツドロワーからステージにドラッグ＆ドロップするだけです。

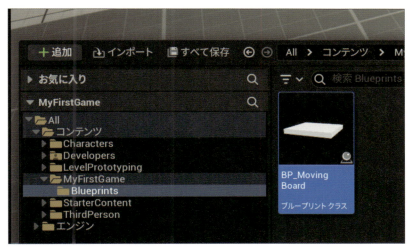

図7-28：最初に作ったフォルダの場所を覚えていない場合は、「コンテンツ」の中にあるフォルダから探してみよう

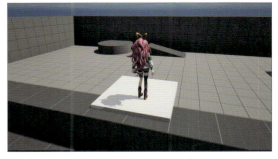 

図7-29：ノードをつないでいくだけで、「動く床」が実装できた

COLUMN
好きな場所からプレイを開始する

ゲームのスタート地点から遠い位置にギミックを配置した場合、プレイ時に毎回その位置まで移動するのは大変です。
ビューポート内を右クリックすると現れるメニュー内の「ここからプレイ開始」を選択すると、クリックした位置をスタート地点としてプレイが開始されます。

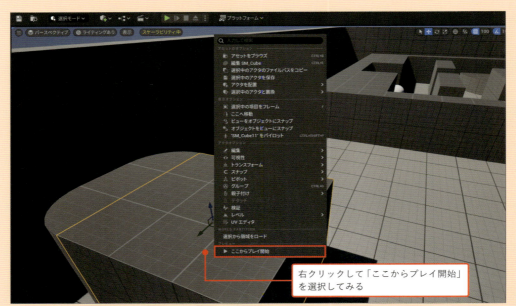

右クリックして「ここからプレイ開始」を選択してみる

「ここからプレイ開始」を選択すれば、任意の場所からスタートできる。それ以外は通常のプレイと変わらない

ステージの開始地点にPlayerStartを配置しておき、ステージの最初からプレイしたいときは▶ボタン、ステージの途中からプレイしたいときは「ここからプレイ開始」といった具合に使い分けると、効率的にテストプレイが行えます。

「触るとゲームオーバーになるトゲ」を作ってステージに配置する

次に、アクションゲームの定番ギミック「当たると死ぬトゲ」を作ります。キャラクターがトゲに接触したときにゲームオーバーとなり、ステージの最初からリスタートする処理を実装します。

● トゲ用のアクタを作る

本STEPの冒頭と同じ手順で「Blueprints」フォルダに新しくアクタを作ります。動く床の制作時と同じく、コンテンツドロワー上でフォルダ内の何もないところを右クリックし、「ブループリントクラス」→「アクタ」を選択します。作成したアクタの名前は「BP_DamageNeedle」としましょう。

図7-30：「コンテンツ」→「MyFirstGame」→「Blueprints」内に、「BP_DamageNeedle」というアクタを作成した

● トゲの形状を用意する

「BP_DamageNeedle」をダブルクリックして編集画面に移ります。まずはトゲの形を作るため「＋追加」ボタンを押して、メニューの一番下にある「コーン」を選択します。

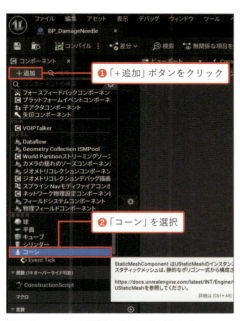
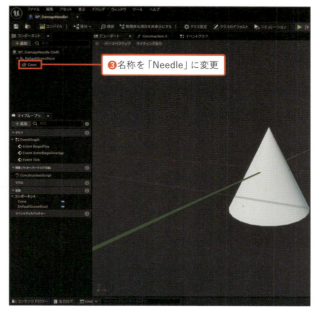

図7-31：コーンを選択すると円錐が現れる

コーンの形状そのままでトゲに見えるため、今回は形を変える必要はありません。ただ、床板のときと同様、追加したコーンの名前は「Needle」に変更しておきましょう。

● 当たり判定を設定する

　ゲームでは、コインに触れたらスコアが増える、敵に触れるとダメージを受ける、あるいは今回のようにトゲに触れるとゲームオーバーになってしまうなど、「触れた」ときに何かを起こしたいシチュエーションが多くあります。オブジェクト同士が「触れた」かどうかを判定するのが「**当たり判定**」です。

　先ほど作ったトゲに当たり判定を追加してみましょう。当たり判定は、「Needle」を選択した状態で「＋追加」→「Box Collision」を選択することで追加できます。

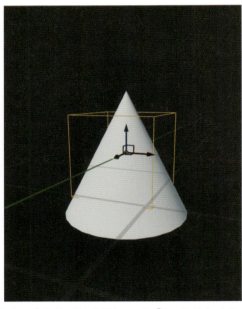

図7-32：オレンジ色の枠線が当たり判定を示している。Collision（コリジョン）とは、当たり判定のこと。「Box Collision」は、その名の通り箱の形をした当たり判定だ

　これで、表示されたオレンジ色の枠の中に入ったら「触った」と判定されるようになりました。「Box Collision」にも名前が付けられるので、今回は「NeedleCollision」としておきます。

　現状ではトゲの大きさに対して当たり判定が少し大きいため、「NeedleCollision」の大きさを調整しましょう。「NeedleCollision」を選択し、画面右側にある詳細パネルの「形状」→「Box Extent」内の数値を、以下の通りに変更します。

- X：30.0
- Y：30.0
- Z：30.0

図7-33：Box Extentの左にある「▶」をクリックすると、X, Y, Zそれぞれに対応した設定が現れる

　続いて、当たり判定がトゲの先端を覆うよう、「NeedleCollision」を上部に移動させましょう。ほかのオブジェクトと同じく、選択した状態で移動ツールの青い矢印（Z軸）をドラッグすると移動が可能です。

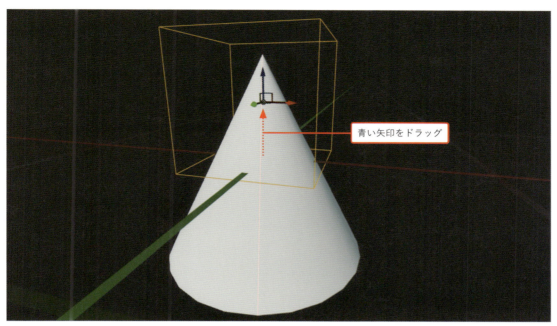

図7-34：初期状態だと、トゲの先端部分に当たり判定がない。「トゲに刺さったらやられてしまう」という状況を作るために、当たり判定を少し上に移動させよう。なお、移動操作ができない場合はSTEP8（P.86）で説明する「グリッドスナップ」機能が有効化されている可能性がある。ビューポート右上の▦をクリックして無効化する（灰色の状態にする）と移動できるようになる

● 「当たり判定の中に入ったら◯◯する」という指示を出す

「トゲに触れたときに、何をするか？」をイベントグラフで設定していきます。動く床ではゲーム開始時に実行がスタートする「Event BeginPlay」ノードを始点に使いましたが、今回はコリジョン（当たり判定）の中にオブジェクトが入ったらスタートする「On Component Begin Overlap」を使います。

先ほど作った「NeedleCollision」をクリックして選択すると、画面右側の詳細パネルに設定できる項目が現れます。下にスクロールしていくと、「イベント」内に灰色の「＋」ボタンがたくさん並んでいます。上から2番目にある「On Component Begin Overlap」の右隣にある「＋」ボタンをクリックしましょう。

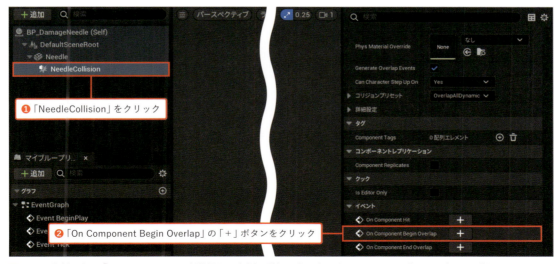

図7-35：左側にある「NeedleCollision」を選択し、右側の詳細パネルを下までスクロールする。灰色の＋ボタンはそれぞれイベントに対応しており、クリックすると該当のイベントノードを追加できる

図7-36：イベントグラフに追加された「On Component Begin Overlap(NeedleCollision)」ノード

このイベントノード「On Component Begin Overlap(NeedleCollision)」をスタート地点として、ブループリントを組んでいきます。

● リスタート処理を実装する

当たり判定に触れたプレイヤーキャラクター（遊日コロン）であるアクタを消す処理から実装します。

存在しているアクタを消去するには「Destroy Actor」ノードを使います。「On Component Begin Overlap(NeedleCollision)」の実行ピンをドラッグし、「Destroy Actor」を選択しましょう。

図7-37：「On Component Begin Overlap(NeedleCollision)」の実行ピンをドラッグ＆ドロップする。表示されたノード一覧の検索欄に「destroy」と入力すると「Destroy Actor」を見つけやすい

「On Component Begin Overlap(NeedleCollision)」ノードの出力ピン「Other Actor」をドラッグしてワイヤーを伸ばし、「Destroy Actor」の入力ピン「Target」にドロップします。

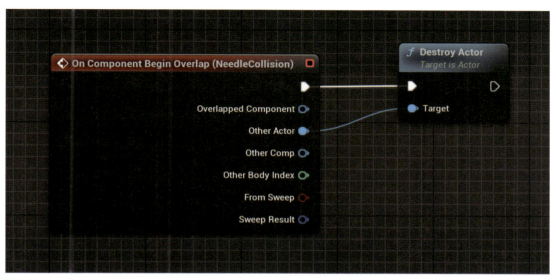

図7-38：この「Other Actor」は、アクタが当たり判定に触れたことを知らせる。「Destroy Actor」の「Target」ピンでその情報を受け取り、「Destroy Actor」の処理を実行する（当たり判定に触れたアクタを消去する）

　これで、トゲに当たったアクタが消えるようになりました。続いて、「Destroy Actor」ノード以降に「2秒経ったらリスタートする」処理を実装します。

　処理の実行を2秒間遅らせるには、**指定した秒数の間、処理を待機する「Delay」ノード**を利用します。「Destroy Actor」ノードから実行ピンを伸ばし、「Delay」ノードを追加しましょう。

図7-39：「Delay」は、後に続くノードの実行を遅らせる

実行を遅らせる秒数を入力する「Duration」ピンに書かれている「0.2」という数値をクリックし、「2.0」に変更しましょう。

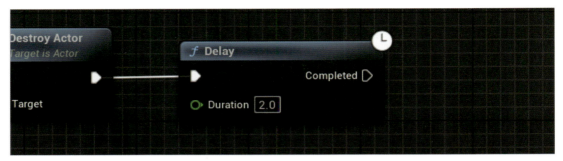

図7-40：これで、「Delay」ノード以降の処理が2秒後に実行される

　次に「Restart Player」ノードを追加します。イベントグラフを右クリックして「Get Game Mode」ノードを配置したら同ノードの「Return Value」ピンをドラッグ＆ドロップし、プレイヤーをスタート地点からリスタートさせるノード「Restart Player」を配置しましょう。

図7-41：「Get Game Mode」ノードからピンを伸ばしているときに「Restart Player」を選択できる

　さらに「Get Player Controller」ノードを追加し、「Restart Player」ノードの「New Player」ピンと接続します。最後に、「Delay」ノードと「Restart Player」ノードの実行ピンをつなぎましょう。

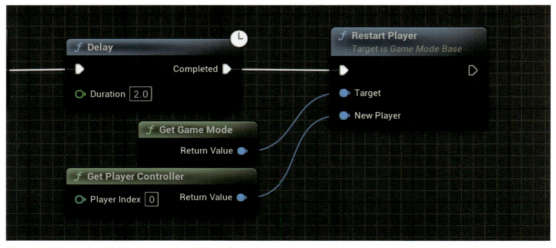

図7-42：画像のように接続できているか確認しよう

　ここまでできたら、保存とコンパイルを行いましょう。

POINT
Restart Playerノードの注意点

「Restart Player」ノードは、プレイヤーキャラクターが存在している（アクティブな）ときはリスタートが実行されません。
本書で作っているギミックは、「Destroy Actor」によってプレイヤーキャラクターを破棄してから「Restart Player」ノードを実行しているため、リスタートが可能です。別のゲームを作るときに「Restart Player」を使用する際は、事前にプレイヤーキャラクターに対して「Destroy Actor」を使うことを忘れないようにしましょう。

● ステージにトゲを配置して、ぶつかってみよう

コンテンツドロワーを開き、「BP_DamageNeedle」をステージの地面にドラッグ＆ドロップして配置します。地面に接地するよう、青い矢印（Z軸）をドラッグして移動させましょう。

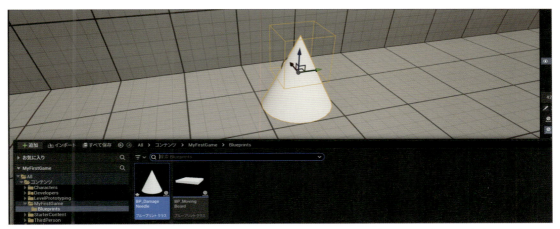

図7-43：ステージ内にトゲを配置した。地面に埋まっていたら、移動ツールの青い矢印で少し引っ張り上げてみよう

実際にきちんと動作するかどうか、プレイして確かめてみましょう。キャラクターがトゲにぶつかったとき、つまり当たり判定の中に入ったときにキャラクターが消滅し、2秒後にリスタートしていれば成功です。

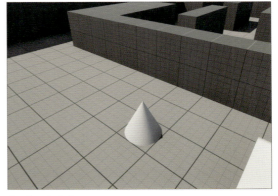

図7-44：トゲに触れるとキャラクターが消えた。この2秒後にリスタートする

しかし、この実装にはバグがあります。このブループリントでは、当たり判定に触れたオブジェクトの種類を問わず（つまり、「動く床」がトゲにぶつかっても…！）リスタートしてしまうのです。そこで、当たり判定に触れたのが本当にプレイヤーキャラクターかどうかを判定する処理を加えましょう。

再度「BP_DamageNeedle」の編集画面を開き、「On Component Begin Overlap (NeedleCollision)」と「Destroy Actor」の間に、「Branch」ノードを追加し、図7-45の通りにワイヤーをつなぎ変えます。なお、「Branch」とは、**条件を満たしているかどうかで処理を分岐**できるノードです。

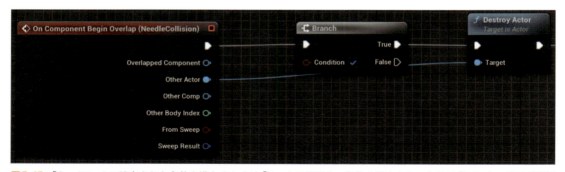

図7-45：「Condition」に設定された条件を満たすときは「True」の処理を、条件を満たさないときは「False」の処理が実行される。条件を満たしたときにのみリスタートさせるよう、図の通りにワイヤーをつなぎ変えよう。すでに接続された実行ピンは、別の実行ピンにドラッグ＆ドロップすればつなぎ直せる

「当たったアクタがプレイヤーキャラクターかどうか」を、「Branch」ノードで判定させるように設定します。プレイヤーキャラクターに関する「Get Player Character」ノードを新たに配置し、このノードの「Return Value」ピンをドラッグして「Equal(==)」ノードを追加しましょう。

図7-46：「Get Player Character」から作る「Equal(==)」ノードはその名の通り、入力された2つの対象が同じものかを判定する

Equalノードの入力ピンは2つ用意され、上記の通り操作していれば、入力ピンの1つは「Get Player Character」とつながっています。もう1つの入力ピンは「Other Actor」をつなげます。出力先は「Branch」ノードの「Condition」ピンにつなげましょう。これで、「Other Actor」と「Get Player Character」の出力が一致するときに「True」の処理が実行されます。もしトゲの当たり判定に動く床が触れても反応（リスタート）せず、プレイヤーキャラクターが触れたときだけ反応するようになりました。

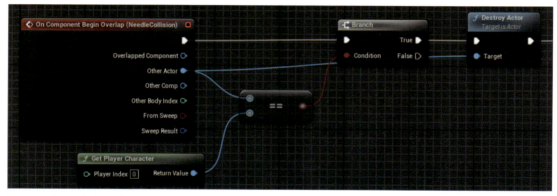

図7-47：最終的なイベントグラフの画面

KEYWORD 「Get ○○」ノード

「Get」の名の付くノードは、ゲーム内データの現在の状態や値を活用するときに使います。例えば「Get Game Mode」はゲームのルールや仕組みなどを管理する「Game Mode」に、「Get Player Controller」はプレイヤーへの操作などを参照する「Player Controller」にアクセスし、それぞれの状態・値を取り出して利用（取得）できます。

POINT ブループリント編集画面を管理する

ブループリント編集画面を一度閉じてしまうと、再度立ち上げる際に待ち時間が発生します。使う機会が多い場合は、画面右上の[_]ボタンをクリックして最小化しておきましょう。再度使うときはWindowsのタスクバーで「UE5のアイコン」→「編集画面のサムネイル」の順にクリックすれば、すぐに表示できます。
また、ブループリント編集画面左上のタブ部分をビューポートのタブの隣までドラッグ＆ドロップすれば、ウィンドウの統合が可能です。その後は、各タブをクリックするか Ctrl + Tab キーで画面を手早く切り替えられます。

●「動くトゲ」を作る

これまでに作った「動く床」と「当たると死ぬトゲ」の仕組みを組み合わせ、「**動くトゲ**」を作ります。
「当たると死ぬトゲ」をベースに作っていくため、「BP_DamageNeedle」の複製から行います。コンテンツドロワーにある「BP_DamageNeedle」を右クリックし、「複製」を選択することでブループリントを複製できます。

図7-48：本書通りに作っていると「コンテンツ」→「MyFirstGame」→「Blueprints」フォルダ内にトゲのブループリントが格納されている

複製したブループリントを区別できるように、名前を「BP_MovingDamageNeedle」に変更し、「BP_MovingDamageNeedle」をダブルクリックして編集画面を開きます。

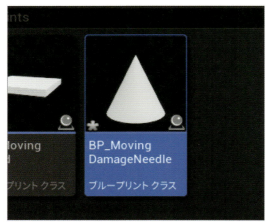

図7-49：
複製したブループリントの名前を変更する

　「BP_MovingDamageNeedle」には複製元の「BP_DamageNeedle」と同じ要素が含まれているため、当たったらリスタートする処理もすでに実装されています。

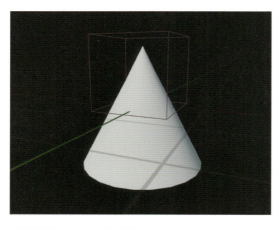

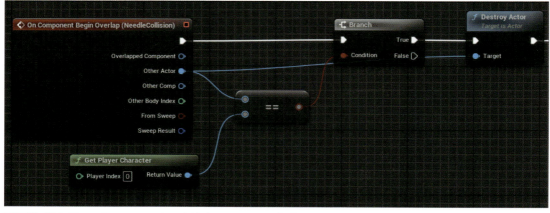

図7-50：「BP_MovingDamageNeedle」をダブルクリックして編集画面を開くと、処理も複製されていることが確認できる

「BP_MovingDamageNeedle」を動くトゲにするために、動く床と同じ移動処理を追加しましょう。イベントグラフ上のスペースで右クリックして**タイムラインノード**を追加し、「Event BeginPlay」ノードと接続します。

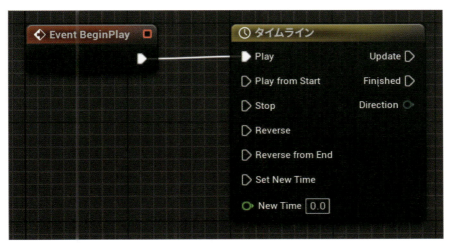

図7-51：動く床のときと同様に、「Event BeginPlay」ノードの実行ピンとタイムラインノードの「Play」ピンを接続する

タイムラインノードをダブルクリックして編集画面を開いた後、フロートトラックを追加し、以下の通りキーフレームを設定しましょう。

- 1番目（左）のキーフレーム　　時間：0　値：0
- 2番目（中央）のキーフレーム　時間：1.5　値：-500
- 3番目（右）のキーフレーム　　時間：3.0　値：0

「ループ」ボタンも忘れずにオンに切り替えます。
また、今回は3.0秒経ったタイミングでループさせるため、タイムライン自体の長さを3.0秒に変更します。「＋トラック」ボタンの横にある「長さ」に「3.0」と入力しましょう。

図7-52：薄い灰色の領域がタイムラインの範囲を示している。長さを3.0に設定したことで、範囲も0.0秒～3.0秒となった

タイムラインの設定が完了したらイベントグラフに戻り、タイムラインノードの「Update」ピンに「Set Relative Location(Needle)」を追加します。「New Location」ピンを分割し、「New Location Z」ピンにタイムラインノードが出力する値を入力します。

図7-53：「New Location」ピンを右クリックし、「構造体ピンを分割」をクリックし、ピンをXYZの軸ごとに分割する

これで、上下に動くトゲが実装できました。「BP_DamageNeedle」(当たると死ぬトゲ)を配置したときと同じく、ステージに接地するよう置いた後、プレイして挙動を確認します。

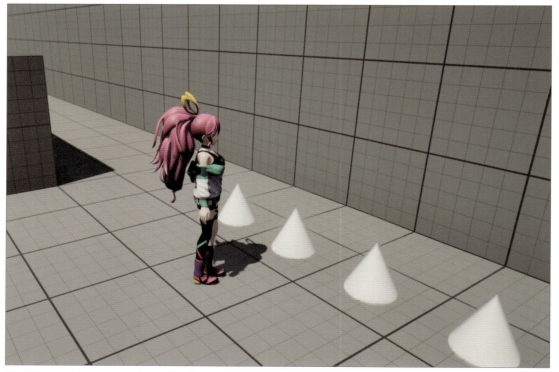

図7-54：トゲは地面から飛び出し、潜る動きを繰り返す

● **トゲの動きにバリエーションを持たせる**

トゲをいくつ配置しても、現状では同じタイミングで動くため単調さを感じてしまいます。そこで、移動を開始するタイミングをずらす処理をトゲに施して、トゲが時間差で飛び出すようにします。

再び「BP_MovingDamageNeedle」の編集画面を開き、「Event BeginPlay」とタイムラインノードの間に「Delay」ノードを追加します。

7 シンプルなステージギミックを3つ用意しよう

図7-55：先ほども使った「Delay」ノードが再登場。右クリックから追加した後、「Event BeginPlay」ノードとタイムラインノードの間に挟もう

これで、ゲーム開始時からトゲが動き出すまでの間に時間差が生まれるようになりました。

続いて、時間差をトゲごとに変えられるようにします。値を保持できる「変数」を時間差の秒数として使い、変数の値が変われば時間差も変わるようにします。そして、ステージに配置した動くトゲの変数に対し、個別の値を設定できるようにすれば、時間差をバラバラにできます。編集画面左下に表示されている「変数」の右にある「+」ボタンをクリックして、新しい変数を追加します。追加した変数の名前は「DelayTime」とします。

図7-56：画面左下の「変数」の中に「DelayTime」を作成した

現在「DelayTime」に入れられる値は「真／偽（オン／オフ）」のどちらかの値を取る「Boolean」になっているため、数値を表す「Float」に変更しましょう。変数名（DelayTime）の右側に表示されている「Boolean」をクリックすると現れるリストから、「Float」を選択します。

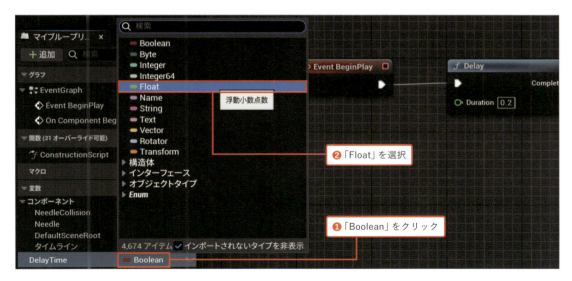

図7-57：色が黄緑色になっていれば、「Float」に変更できている

また、変数の名前の隣にある👁アイコンをクリックして、👁の状態にしておきましょう。

図7-58：
👁アイコンをクリックして、👁の状態にする。これにより、レベルに配置した動くトゲに対し、個別に「DelayTime」を設定できるようになる

変数欄に追加した「DelayTime」をイベントグラフにドラッグ＆ドロップし、表示されたウィンドウから「Get DelayTime」を選択します。すると、「Delay Time」と書かれたノードが出現します。

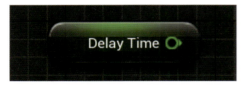

図7-59：今回作成したノード。「DelayTime」の値を取り出すノードだ

「DelayTime」を「Delay」ノードの「Duration」ピンに接続しましょう。これで、「DelayTime」の値が時間差として使われます。

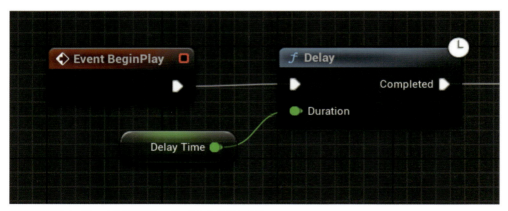

図7-60：「DelayTime」の値が「Duration」として扱われる

コンパイルして、動くトゲをいくつかステージに配置しましょう。ビューポートの右にある詳細パネルに、動くトゲの設定が表示されているはずです。その中には、先ほど作った「DelayTime」の項目も含まれています。

図7-61：「DelayTime」の項目が見つからないときは、ブループリントの編集画面に戻って 👁 の状態になっているか、コンパイルを行っているかを再確認してみよう

　それぞれの動くトゲに対し、「DelayTime」の値をバラバラに設定してみましょう。プレイすると、トゲの動くタイミングもバラバラになっていることが確認できます。

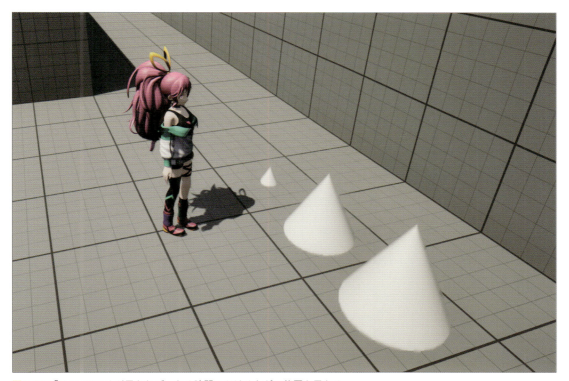

図7-62：「DelayTime」が異なれば、ある時間におけるトゲの位置も異なる

　これで、バラバラのタイミングで動くトゲの仕組みが実装できました。

● 「動くトゲ」の見た目を変更する

通常のトゲと区別できるよう、「動くトゲ」のマテリアルを変更しましょう。ビューポートタブに移動し、ブループリント編集画面左側にある「コンポーネント」から、「Needle」をクリックして選択します。

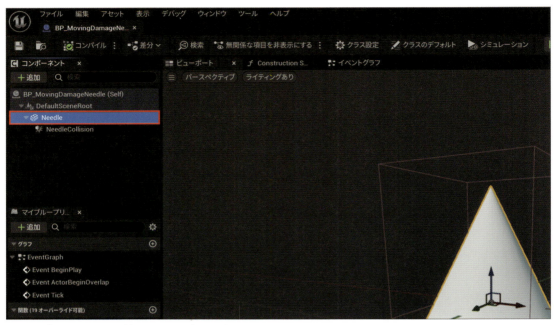

図7-63：「コーン」として追加した3Dモデルを選択しよう

画面右側の詳細パネルから、「マテリアル」→「エレメント 0」の右側にある「BasicShapeMaterial」をクリックしましょう。マテリアルのリストが表示されるため、「BasicAsset03」を選択します。

図7-64：「BasicAsset03」がない場合は、ほかのマテリアルを選ぼう。普通のトゲと見た目が異なれば問題ない

見た目が変わったことで、「動くトゲ」と「普通のトゲ」の見分けがつくようになりました。

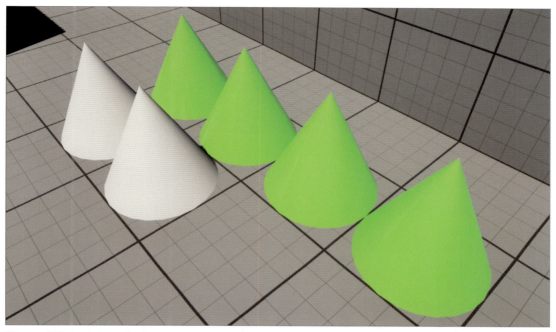

図7-65：制作中に見た目で判別できるだけでなく、プレイヤーに対して機能の違いを視覚的に伝えられるようにもなった

ここまでで「動く床」「当たると死ぬトゲ」「動くトゲ」の実装が完了しました。これでゲームを作るギミックの準備は十分です。次のSTEPから、実際のステージを作っていきましょう。

KEYWORD
変数

「変数」とは、数値や文字、オン／オフなどといった、プログラムで使用するデータを保存する箱のようなものです。変数を作るときには、どんな種類のデータかを示す「型」と、変数の「名前」を決める必要があります。

以下に、主要な型をいくつか紹介します。

- **Integer**：「整数」を表す。例…「0」「12345」「-10」
- **Float**：「浮動小数点数（小数点以下を含む数値）」を表す。例…「0.0553」「-78.322」
- **Boolean**：「真偽値」を表す。「True（真）」か「False（偽）」のどちらかの値を持つ
- **String**：「文字列（文字の並び）」を表す。例…「"Hello World"」「"こんにちは"」

POINT
👁 アイコンの意味

👁 アイコンの付いた変数は、ステージに配置した際にアクタの詳細パネルから編集できるようになります。今回、「DelayTime」変数は配置されているトゲごとに異なる値にしたいため、ステージに配置した後に編集できるようにしておく必要があります。

STEP 8 ギミックを組み合わせてステージを作ろう

作成した3つのギミックを効果的に配置して、面白いステージを作ってみましょう。このSTEPでは、ゲームのステージを制作する工程「レベルデザイン」の進め方について説明します。

● レベルを複製する

　オブジェクトを配置する空間のことを、ゲーム制作では「**レベル**」(階、水平面、高さ、などの意味) と呼びます。つまり、今までステージと呼んでいたものはレベルに相当します。また、UE5でもそのまま「レベル」という名称が使われています。

　先ほど遊んだサンプルゲームの「Easy」と「Normal」は、それぞれ異なるステージであるため、異なる2つのレベルとして作っています。サンプルゲームと同様に、このSTEPでは実際に遊べるステージ(レベル)を作るために、新しいレベルを作成してオブジェクトの配置を変更していきます。

　今回はすでにあるレベルの一部を流用するため、現在のレベルを複製します。まずは、コンテンツドロワーから「コンテンツ」→「ThirdPerson」→「Maps」へ移動し、フォルダ内に「ThirdPersonMap」があることを確認します。

図8-1：「ThirdPersonMap」は、現在開かれているレベルだ。これを複製して、新しいレベルを作っていきたい

　「ThirdPersonMap」をクリックして選択した状態で、Ctrl + Cキーでコピー、Ctrl + Vキーでペーストします。ThirdPersonMapの複製である「ThirdPersonMap1」が現れます。

図8-2：ThirdPersonMapとまったく同じレベルを複製できた

複製後のレベルを選択し、名称をF2キーで変更しましょう。今回は「MyLevel」としました。

図8-3：ブループリントの名称変更と同じ手順で、複製したThirdPersonMapの名前を変更する

名前変更後に図8-4に示すウィンドウが表示された場合は、「OK」を選択してかまいません。

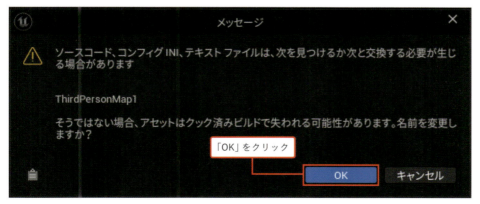

図8-4：アラートが表示されたら「OK」をクリックする

コンテンツドロワーから「MyLevel」をダブルクリックして、レベルを開きましょう。複製したままの状態であるため、ビューポート上の見た目は変わっていませんが、画面左上を見ると「MyLevel」と表示されています。今回は、この「MyLevel」を編集していきます。

図8-5：タブに「MyLevel」と書かれているレベルを開こう。CHALLENGE4で詳しく説明するが、エディタ起動時に開かれるレベルは「ThirdPersonMap」のまま変わらない。エディタを終了して再起動するときは、改めて「コンテンツ」→「ThirdPerson」→「Maps」から「MyLevel」を開き直そう

「グレーボクシング」でステージの構造を決める

新たな「MyLevel」でステージ制作を進めていきましょう。ステージの制作は、レベルを設計（デザイン）することから**レベルデザイン**と呼ばれます。多くのゲームにおいてレベルデザインは面白さに直結するとても大事な工程です。面白いギミックも、使い方を誤ればつまらなくなる一方で、複数のギミックをうまく掛け合わせて更なる面白さを引き出すこともできます。

本章では、レベルデザインにおける最初の工程「**グレーボクシング**」[1]を実践します。グレーボクシングは、立方体や直方体などの見た目も形もシンプルなオブジェクト「**グレーボックス**」だけでステージ構成を作る工程のことです。

実際のゲーム開発では、最初から建物や木々を配置しているわけではありません。グレーボックスを使って見た目に左右されずにレベルの面白さをチェックでき、容易にステージの構造を変更できる状態でステージを仮組みします。この段階でテストプレイを繰り返し、ステージの構造が確立してから装飾を行います。

※1 ゲーム開発の現場では「グレーボックス」と呼ばれることも。シンプルなオブジェクトを指す言葉「グレーボックス」との区別をするため、本書では「グレーボクシング」の呼び方で統一している

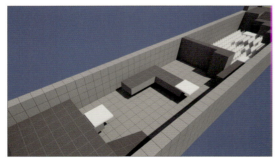 

図8-6：グレーボクシングで作られるレベルの参考例。この時点で遊べる状態まで作り、「きちんと遊べるか」「面白いか」などを検証する。遊びの検証が終わったら、その後は本番用の3Dモデルへの置き換えや光源の調整などによって見た目を仕上げる工程に移行する（タイトルによっては、グレーボクシングの時点で一定の装飾を施す場合もある）

ギミックを組み合わせてステージを作ろう 8

プロジェクトのベースに用いた「サードパーソンテンプレート」には、ボックスやスロープなど、グレーボクシングにもってこいのオブジェクトが最初から配置されています。今回は、すでに配置してあるオブジェクトを複製・移動させてグレーボクシングを行いましょう。

● **制作するレベルのサンプルを紹介**

本STEPでは、図8-7に示す上面図の通りにグレーボクシングを行う方法を説明します。ただし、作りたいステージのイメージがある方は、独自のレベルを作っても問題ありません。

正確に作らなくても、以降のSTEPは問題なく進められます。「多少違っていてもOK！」という気持ちでトライしましょう。

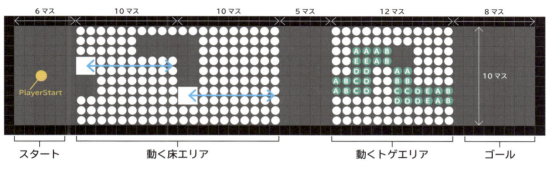

図8-7：ステージを真上から見て、どこに何を配置するかを示した図を「上面図」と呼ぶ。ステージ情報と、ステージの該当場所に到達した際に起こるイベントをExcel上でまとめるケースも多い

図8-8：構成要素は「床、壁、動く床、トゲ、動くトゲ」の5種類。動くトゲは、STEP7（P.79）で設定したDelay Timeの値を変更してバリエーションを出そう

● **オブジェクトの移動を一定にするスナップ機能を活用**

　グレーボクシングにあたって、「グリッドスナップ」を有効化しておきます。グリッドスナップとは、アクタの位置・回転・スケールの変化を一定の値刻みに制限する機能です。グリッドスナップを有効化すると、表示されたグリッドに沿ってオブジェクトを配置することができます。

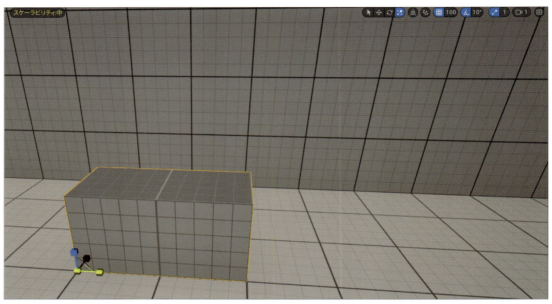

図8-9：サードパーソンテンプレートに置かれている直方体のオブジェクトは、もとの大きさが1m×1m×1mであるため、スケールが1変われば1m分拡大・縮小する。スケールのスナップサイズを「1.0」にした場合、オブジェクトは1mずつ拡大・縮小される

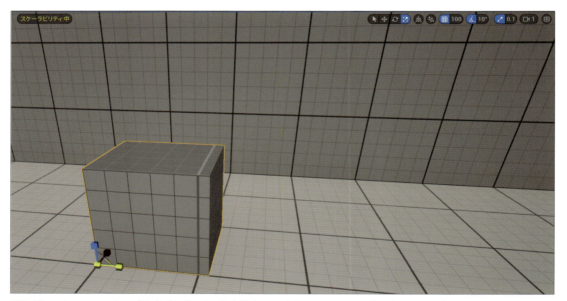

図8-10：スケールのスナップサイズを「0.1」にした場合。オブジェクトは10cmずつ（1.0が1mずつの拡大・縮小だったため、その1/10）拡大した。このように、グリッドに合わせて（スナップして）移動できるのがメリット

　スナップ設定はビューポート右上のツールバーから行います。「位置」「回転」「拡大・縮小」それぞれのグリッドスナップの有効／無効のほか、値の刻み幅（スナップサイズ）を設定できます。細かい調整をする際は刻み幅を小さくするなど、状況に応じた設定が可能です。

図8-11：
左から順に「位置」「回転」「拡大・縮小」。青くなっていれば、グリッドスナップが有効化されている

▶ 外側の壁を作る

まずはステージの大枠とスタート地点を作りましょう。

今回制作するステージには、複製元のステージに使われている壁と床、そしてPlayerStart以外は不要です。不要なオブジェクトを Ctrl キー ＋ クリックで複数選択し、Delete キーで消してしまいましょう。

図8-12：ボール転がしのコースとして使っているオブジェクトや、試しに配置したギミックは消してしまおう

これでレベルを整理できました。続いて、残った床と壁のオブジェクトを、ステージ全体を覆う壁と床にします。

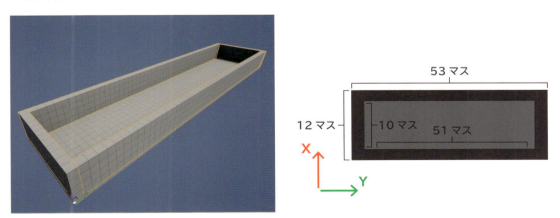

図8-13：画像の通りにステージの土台を作ろう。上面図の縦がX軸、横がY軸に対応している

図8-13に示す上面図は、1マスが1mに対応しています。ステージ全体の大きさである縦12マス、横53マスに合うよう、オブジェクトを配置し直しましょう。

まずは床のオブジェクトを選択し、詳細パネルから「拡大・縮小」の値を以下の通り設定します。

> **床のオブジェクト**
> - X：12.0
> - Y：1.0
> - Z：4.0

同じく、縦の壁と横の壁の「拡大・縮小」を以下の通り設定します。

> **縦の壁**
> - X：12.0
> - Y：1.0
> - Z：4.0

> **横の壁**
> - X：53.0
> - Y：1.0
> - Z：4.0

サイズが変更できたら、図8-13に合うように床と壁の位置を調整しましょう。外枠部分が1マスずつあるので、縦10マス、横51マスのフラットなステージができるはずです。

なお、配置されているオブジェクトに描かれたグリッドは1m単位になっているため、グリッドとマスを対応させて見比べると制作しやすいです。

図8-14：オブジェクトに描かれた太いグリッドがちょうど1m単位だ

併せて、プレイヤーのスタート地点「PlayerStart」も、上面図が示す位置に移動させておきます。また、「回転」のZの値を90°に変更してY軸へ向かせましょう。

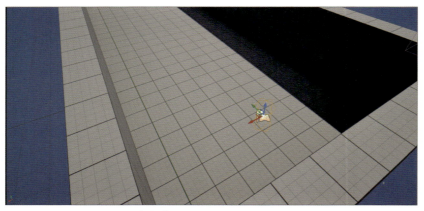

図8-15：PlayerStartの位置は多少ずれても問題ない

POINT

ビューポート上での視点変更

ビューポート右上の ⊞ アイコンをクリックすると、レベルを「上」「後ろ」「右」から見た2D視点のビューポートを同時に表示できます。

4分割された状態でも、それぞれのビューポートからアクタの選択や移動などの編集が可能です。

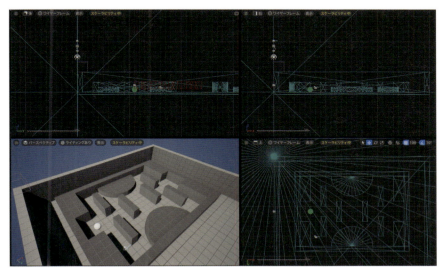

水色の線は「ワイヤーフレーム」と呼ばれ、アクタの形を把握するのに役立つ。ビューポート同士の境界をドラッグすると、ビューポートの大きさを調整できる

また、各視点のビューポート右上の ▭ アイコンを押すと、そのビューポートを最大化できます。元のビューポートを最大化すれば、ビューポートを元に戻せます。

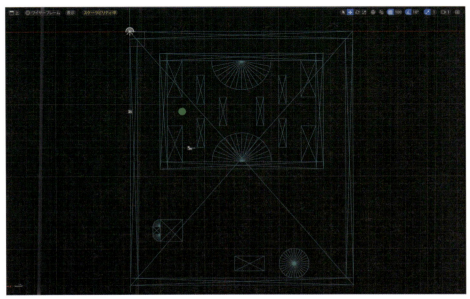

上から見たビューポートを最大化した場合

▶ 動く床エリアを作る

　このステージは、前半の「動く床エリア」と、後半の「動くトゲエリア」の2つのエリアで構成されており、それぞれ異なる遊びを体験できます。まずは、動く床エリアを作りましょう。

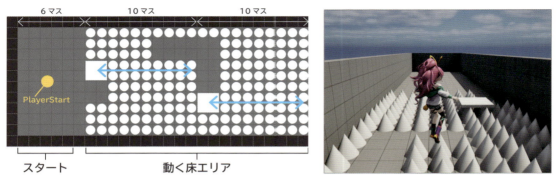

図8-16：動く床エリアは、ジャンプをミスしたらトゲに触れてしまう緊張感がテーマのエリア

　まずは図8-16に示す通りに、トゲを敷き詰めましょう。

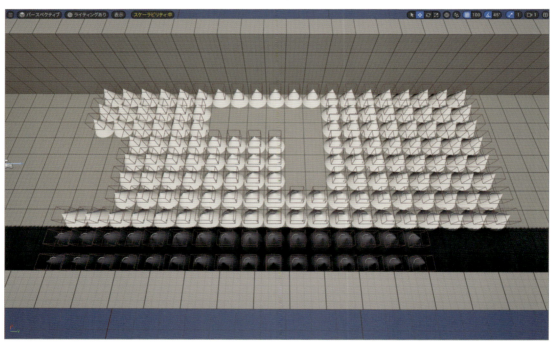

図8-17：トゲは20マス分の長さ、道の幅いっぱいに配置する。たくさん配置することになるため、トゲを複数選択して Alt キー＋ドラッグで複製すると効率的だ

> **POINT**
> ### アクタと視点を一緒に移動させる
> 移動ツールでアクタを移動させる際、 Shift キー＋ドラッグでアクタと視点を同時に移動できます。また、 Shift ＋ Alt キー＋ドラッグで、複製したアクタにフォーカスしながら移動させることも可能です。視界の範囲外にアクタを移動させたいときに便利なショートカットなので、覚えておきましょう。

> **POINT**
> **アクタを自動で接地させる**
> [End]キーを押すと、アクタを自動で接地させることが可能です。

続いて、図8-16に示す位置に「動く床」を2つ配置します。動く床は、ステージの床から高さ1マス（1m）分浮かせるようにしましょう。

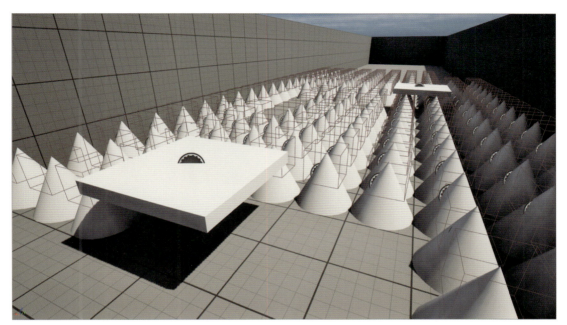

図8-18：詳細パネルから「位置」の値を変えるか、スナップをオンにして動かすことで1マス浮かせよう

ここまでできたら、いったんプレイして遊んでみましょう。動く床に乗っていてもトゲに触れてしまう場合は、動く床の高さを少し上げると解決できるでしょう。

▶ 動くトゲエリアを作る

後半の「動くトゲエリア」も作っていきます。動く床エリアとの間を5マス空け、動く床エリアと同様に動かない方のトゲを敷き詰めます。

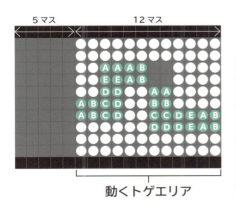

A：Delay Time「0.6」
B：Delay Time「1.2」
C：Delay Time「1.8」
D：Delay Time「2.4」
E：Delay Time「3.0」

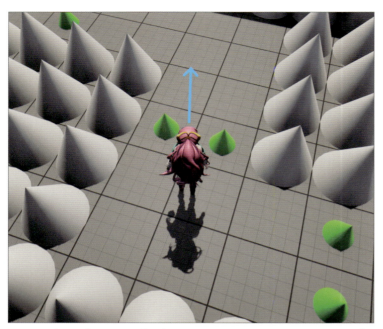

図8-19：動くトゲエリアは、「トゲに囲まれた道を進む」障害物避けの要素と「トゲの動きに合わせて進む」タイミング合わせ要素の2つの遊びが軸になっている

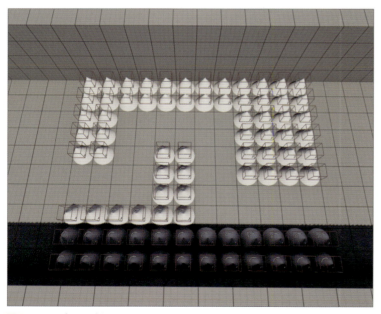

図8-20：まずはトゲを12マス分の長さ、道の幅いっぱいに配置しよう

　その後、このエリアのポイントとなる「動くトゲ」を配置します。A～Eの動くトゲには、それぞれ異なる「DelayTime」を設定する必要があります。いったんすべての動くトゲを配置した後、「Aにあたるトゲをすべて選択してDelayTimeを設定する」「Bにあたるトゲをすべて選択してDelayTimeを設定する」などと段階的に進めると効率的です。

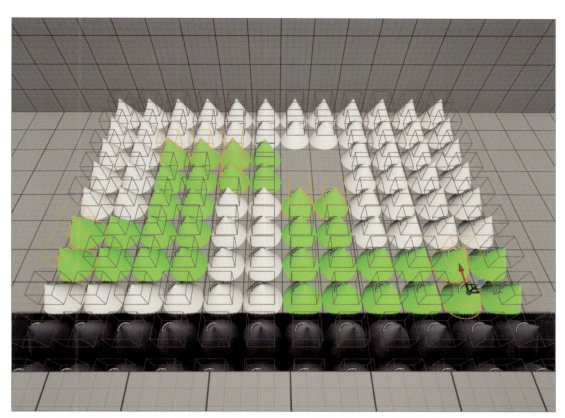

図8-21：「D」にあたるトゲを選択した状態。ここから詳細パネルで「DelayTime」を一括変更できる

ここまで設定が終わったら、再度プレイして遊んでみましょう。

図8-22：Delay Timeを個別に設定したおかげで、動くトゲが手前から奥へ波のように進んでいるはず

これで、ステージの構造が完成し、グレーボクシングは完了です。

もちろん、これが完璧なレベルデザインというわけではありません。余裕がある方は、例えば「ずっと乗っているとトゲにぶつかってしまう動く床」や、動くトゲの波の方向を逆にして「ジャンプで飛び越えなければならない動くトゲの波」などの独自コースを作っても良いでしょう。

図8-23：動く床に乗り続けるとトゲにぶつかってしまう。これによって、床から降りるタイミングが重要になり、難度が高まる。試行錯誤をしながら、自分だけのステージを作ってみるのも面白いだろう

見た目をリッチにしよう！

グレーボクシングによって、ゲームのプレイ感や面白さが検証できました。CHAPTER3では、ステージの背景やオブジェクトの見た目を整えるとともに、効果音やエフェクトも追加していきます。ビジュアルを洗練させて、魅力的に映るゲームに仕上げていきましょう。

CHAPTER 3

STEP 9 背景を差し替えて、ビジュアルを豪華にしよう

このSTEPでは、グレーボクシングで制作したステージの見た目を装飾していきます。見栄えの良い3DモデルをEpic Gamesのアセット販売サイトから入手してプロジェクトに追加し、グレーボックスと置き換えましょう。

本STEPは見た目の変化について扱い、新たな仕組みの追加などは行わないため、本STEPを後回しにして読み進めていただいてもかまいません。「本書で仕組みについて学んだ後にSTEP9に戻り、ステージの装飾を再開する」方針で進めてもよいでしょう。

アセットとは？

ゲーム制作では、キャラクターや建物などの 3Dモデル や テクスチャ などの素材は「アセット」と呼ばれます。UEにおいてはブループリントもアセットに含まれます。本STEPではレベルに置いているグレーボックスを、家や壁などのアセットと置き換えます。

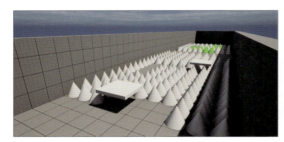

図9-1：グレーボクシング後のレベル（左）と装飾後のレベル（右）

図9-2：コンテンツドロワーに表示されているものはすべてアセットだ。ほかにも、エフェクトやサウンドの素材もアセットと呼ばれる

ただし、木や石などの細かなアセットをすべて自作していては膨大な時間がかかってしまうため、特に個人制作ではプレイヤーキャラクターなどの重要なアセット以外は自作せずに外部の力を借りることも珍しくありません。

Web上には無料で使えるアセットが数多く配布されています。ここでは、UE用のアセットを購入できるEpic Games公式のアセット販売サイト「Unreal Engine マーケットプレイス」（以下、マーケットプレイス）を利用して、アセットを入手する方法を紹介します。

マーケットプレイスで無料アセットを入手する

マーケットプレイスでは、さまざまなクリエイターが自作アセットを販売したり、Epic Gamesなどがアセットを無償配布したりしています。また、毎月いくつかの有料アセットが無料で提供されています。
マーケットプレイスは、Epic Games LauncherまたはWebブラウザからアクセスできます。

Unreal Engine マーケットプレイス
https://www.unrealengine.com/marketplace/store

今回はアセットの追加が直接行えるEpic Games Launcher側のマーケットプレイスを使いましょう。
Epic Games Launcherを起動し、「Unreal Engine」→「マーケットプレイス」の順にクリックすると、マーケットプレイスのホーム画面に移動します。

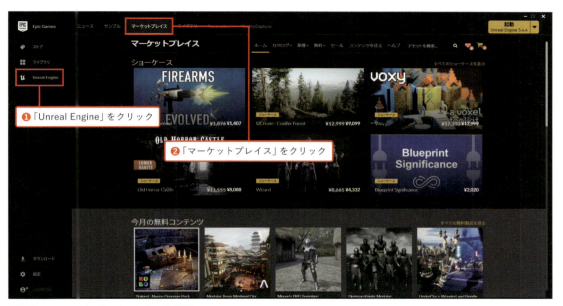

図9-3：マーケットプレイスのホーム画面

今回は、無料のアセット「FANTASTIC - Village Pack」をプロジェクトに導入します。

FANTASTIC - Village Pack
https://www.unrealengine.com/marketplace/product/fantastic-village-pack

マーケットプレイス内の右上にある「アセットを検索」と書かれた検索窓に「fantastic village」と入力します。検索結果または検索候補に表示された「FANTASTIC - Village Pack」を選択すると、「FANTASTIC - Village Pack」の情報確認や入手が可能なストアページに移動します。ストアページ上の「無料」をクリックするだけで、入手は完了します。

図9-4：「FANTASTIC - Village Pack」は、3Dモデルアセットがいくつも同梱されたパックとして無料で提供されている

　続いて、入手したアセットを自身のプロジェクトに追加します。「無料」をクリックしてアセットを入手すると、このボタンの表記が「プロジェクトに追加する」に変化しているので、これをクリックしましょう。

図9-5：ストアページには、そのアセットの情報やサポートされているUEのバージョンなどが記載されている

次は、アセットの追加先となるプロジェクトを指定する必要があります。ここまで作業してきたプロジェクト「MyFirstGame」を選び、「プロジェクトに追加」をクリックしましょう。インストールの進捗状況を表すプログレスバーが表示されたら、インストール完了まで待ちます。

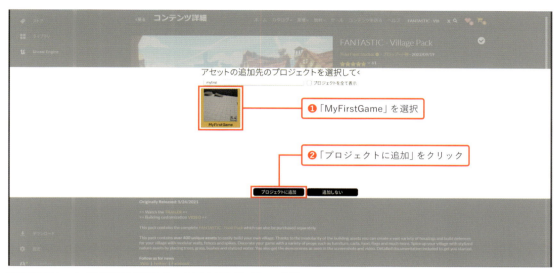

図9-6： アセットの追加先を指定する。今回は「MyFirstGame」だ

図9-7： インストールが完了するまで待機しよう

インストールが終わったら、**UE5のエディタを開きましょう**。コンテンツドロワーで「コンテンツ」フォルダ内にアクセスし、「Fantastic_Village_Pack」フォルダがあることを確認しましょう。

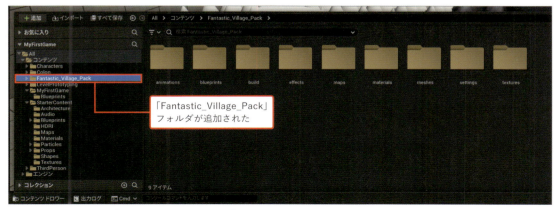

図9-8： プロジェクトの「コンテンツ」フォルダに「Fantastic_Village_Pack」が追加されている

POINT

不要なアセットを削除する

導入したいものとは異なるアセットをプロジェクトにダウンロードしてしまったときや、今まで使っていたアクタが不要になったときなど、アセットを削除したくなる場面が発生します。アセットを削除するには、コンテンツドロワー上でアセットを右クリックして表示されるメニューから「削除」を選択し、確認画面で「削除」をクリックします。

プロジェクトでまったく使ったことがないアセットであれば、この操作で削除して問題ありません。しかし、例えば「動く床のアクタで使っている3Dモデル」など、別のアセットに影響を与えているアセットを削除してしまうと、ゲームが設計した通りには動かなくなります。

ほかのものと影響しているアセットを削除しようとすると、警告文と選択肢が表示されます。置換するアセットがあるなら「なし」をクリックしてから代替アセットを選び、「リファレンスを置換」をクリックしましょう。削除のみ実行するなら「強制削除」を選ぶのですが、削除アセットに影響する部分をすべて自分で修正する必要があります。置換するかどうかに関わらず、アセットの削除はバグを生むリスクが存在する点には留意しましょう。

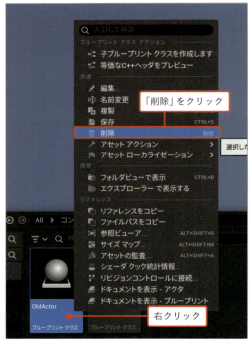

アセット選択後、Deleteキーを押すことでも削除が可能

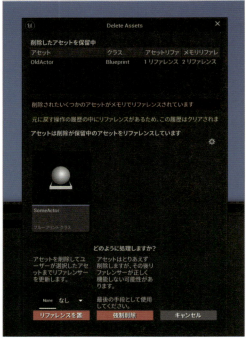

削除対象が影響を与えているアセットが、ウィンドウの中央に一覧表示される

●「FANTASTIC - Village Pack」の中身を確認する

「Fantastic_Village_Pack」→「maps」フォルダには、同梱されている3Dモデルアセットを使ったサンプル用レベルが3つ用意されています。

そのなかで「map_village_day」か「map_village_night」をダブルクリックして開きましょう。

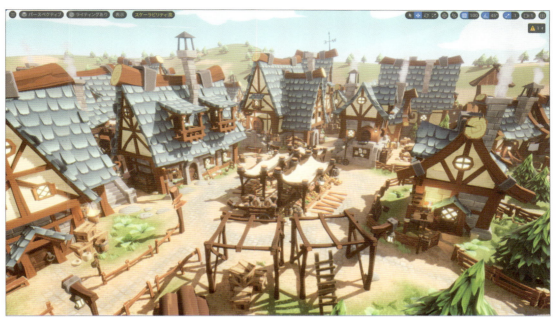

図9-9:「map_village_day」を開いた状態。3Dモデルを配置する際の参考にしやすい

3つ目のレベル「map_village_overview」では、3Dモデルを個別に確認できます。

図9-10:「map_village_overview」を開いた状態。パーツをまとめて確認できる

　アセットを一通り確認したら、「コンテンツ」→「ThirdPerson」→「Maps」内の「MyLevel」レベルを開きましょう。STEP8（P.82）で作成したステージのグレーボックスを、追加したアセットに置き換えていきます。
　見た目を確認してきた建物や小物などの3Dモデルが格納されたフォルダに移動するため、コンテンツドロワー上で「Fantastic_Village_Pack」→「meshes」に移動し、中身をチェックします。

図9-11:「meshes」→「buildings」フォルダには、建物そのものや、建物を構成するパーツなどが格納されている

図9-12:「meshes」→「props」→「construction」フォルダには、塀などの小物が格納されている

　この中から、自身がイメージするステージに合ったアセットを選んで、グレーボックスとちょうど重なるように配置していきます。外側の壁と重なるように、アセットを置いていきましょう。なお、床部分は後述する「ランドスケープ」という機能を使って装飾するため、アセットの配置は不要です。

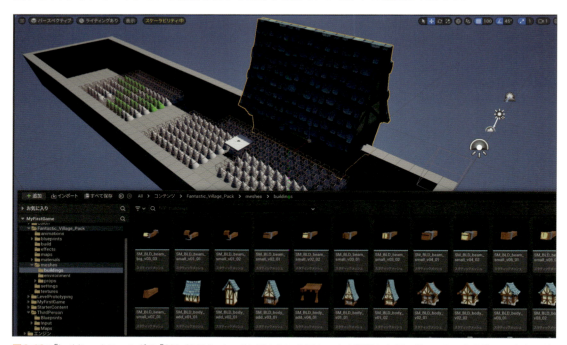

図9-13:「buildings」フォルダの「SM_BLD_body_v04_01」というアセットを配置した例。どのアセットを使ってもよいが、大きなアセットを使えばまとめて隙間を埋められる

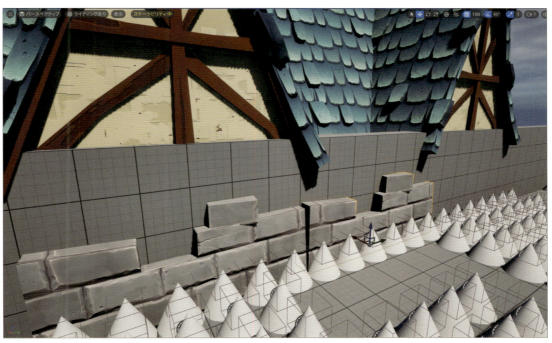

図9-14：壁のグレーボックスに合わせて石壁の3Dモデルを配置している様子。グレーボックスの形にある程度沿うようにアセットの位置や角度、大きさを調整する。ステージの通路ではないことをプレイヤーに分かってもらう目的で置いているので、厳密に壁に沿ってアセットを置く必要はない

POINT

Ctrl + B キーでアセットの格納場所を知る

サンプル用のレベルを開いているときに好きな3Dモデルを見つけたら、オブジェクトを選択した状態でCtrl + Bキーを押してコンテンツドロワーを開いてみましょう。選択中のオブジェクトに対応したアセットが表示されるので、気になるアセットがどこに格納されているのかを手早く知りたいときに役立ちます。

COLUMN
キーボーとムラスケの3Dモデルを使用する

配布データには遊日コロンのほかに、ゲームメーカーズのキャラクター「キーボー」と「ムラスケ」の3Dモデルが含まれています。遊日コロンと同様、プロジェクト側の「Content」フォルダ直下に、配布データ内の「Content」フォルダにある「Keybo」フォルダと「Murasuke」フォルダをコピーすると、それぞれの3Dモデルを使用できるようになります。

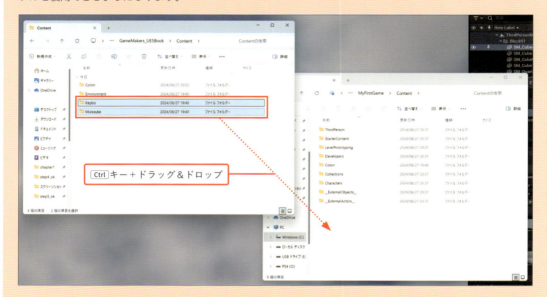

コピーしたフォルダ内の「SK_Keybo」「SK_Murasuke」をビューポートにドラッグ＆ドロップすれば、3Dモデルを配置できます。

アセットの配置が終わったら、壁として使っているグレーボックスを「Blocking Volume」と呼ばれる見えない壁に変換しましょう。該当のグレーボックスをクリックして選択します。

図9-15：グレーボックスがオレンジ色の枠で囲われていれば正しく選択できている

グレーボックスを「Blocking Volume」へ変換するため、エディタ画面左上の「選択モード」→「モデリング」の順にクリックし、モデリングモードへ移行しましょう。

図9-16：モデリングモードでは、「Blocking Volume」への変換以外にも3Dモデルの作成やモデリングも行える

モデリングモードへの切り替えに伴い、画面左側にモデリングモード専用のパネルが表示されます。左端のツールパレットから「XForm」をクリックし、さらに右隣のツールの詳細パネルから、アクタを別の種類へ変換するための「Convert」機能を選択しましょう。

図9-17：「Convert」機能を使うと、アクタを「Blocking Volume」へ変換できる

　「Convert」を選択すると、ツールの詳細パネルが「選択中のアクタを何に変換するか」などを設定できる画面に移行します。変換先を指定する「Output Type」の欄にある「Static Mesh」をクリックし、「Volume」に変更しましょう。

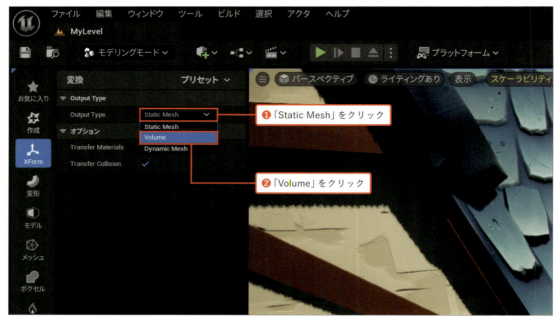

図9-18：「Static Mesh」ではなく「Volume」を選択しよう

変換するボリュームの種類を指定する「ボリュームタイプ」には、デフォルトで「Blocking Volume」が設定されているはずです。そのまま、画面下側にある<u>「承諾」ボタンをクリック</u>すると、グレーボックスがBlocking Volumeに変換されます。

図9-19：グレーボックスが透明になったら変換できている。見た目は透明になったが、オレンジ色の枠は引き続き表示されているはずだ

これで見えない壁への変換は完了です。実際にプレイして、当たり判定が残っているかを確認しましょう。

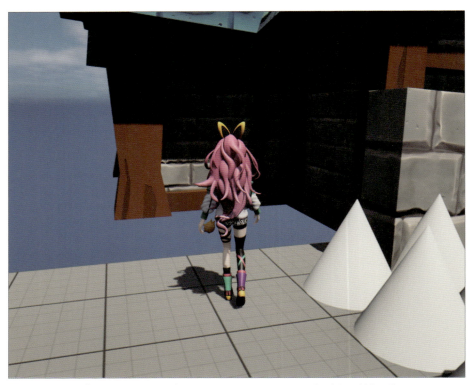
図9-20：実際のプレイ画面。グレーボックスは見えなくなっているが、当たり判定は残っている

　この調子で、選択モードとモデリングモードを切り替えつつ、グレーボックスの壁を置き換えていきましょう。選択モードへ戻るには、画面左上の「モデリングモード」をクリックしたあとに「選択」を選びます。

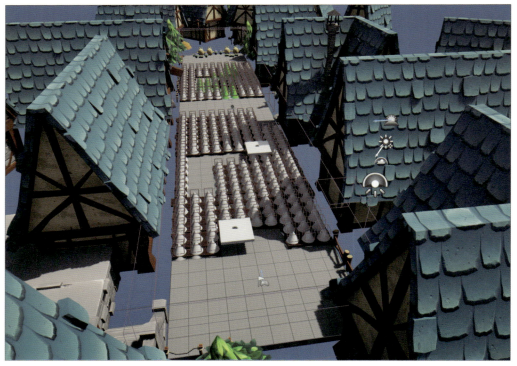
図9-21：ステージの周囲に建物を配置し、壁を置き換えた様子

ランドスケープ機能で地形を作る

　壁の置き換えが終わったら、シンプルな操作でオリジナルの地形を生み出せる「ランドスケープ」機能を利用して、ステージの地面と装飾を行います。

図9-22：草の生えた地面や背景の山がランドスケープ機能によって作られている

●ランドスケープの作成方法

　ランドスケープ機能は「ランドスケープモード」で使用できます。モデリングモードへの切り替えと同じように、エディタ画面左上の「選択モード」→「ランドスケープ」の順に選択すると、ランドスケープモードに切り替わり、画面左にランドスケープ編集用のパネルが出現します。

　なお、「ランドスケープモード」では、ビューポート上でアクタを選択できません。ビューポートからアクタを選択したいときは、「選択モード」に変更するのを忘れないようにしましょう。

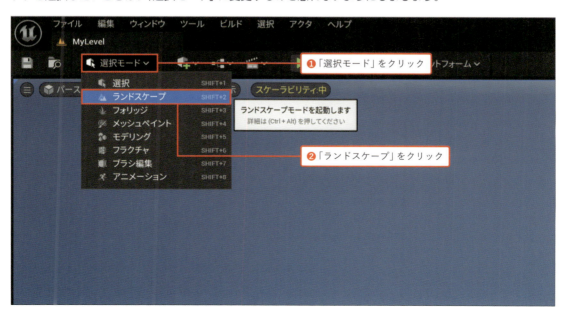

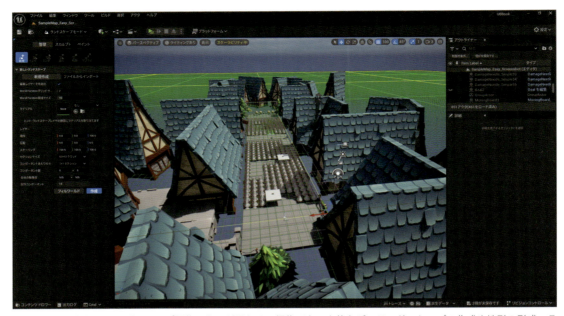

図9-23：画面左側にランドスケープ編集パネルが現れる。編集パネルを使えば、ランドスケープの作成や地形の形成、ランドスケープに適用するマテリアルの設定などを行える

　ランドスケープの作成は、編集パネルの「管理」→「新規」→「新規作成」を選択中に表示されるパネルから行います。

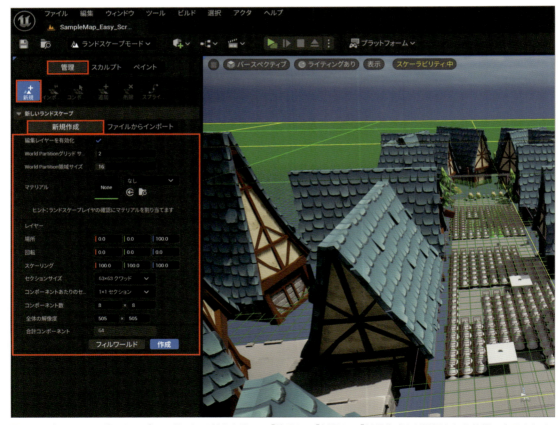

図9-24：初めてランドスケープモードに切り替えた際は、「管理」→「新規」→「新規作成」が選択された状態で表示される

今回は作成するランドスケープの設定を以下の通り変更しましょう。それ以外は設定を変える必要はありません。変更後に「作成」をクリックすると、ランドスケープが生成されます。

- **場所**：X=0.0, Y=0.0, Z=0.0

図9-25：「場所」を(0, 0, 0)にしてからランドスケープを生成する

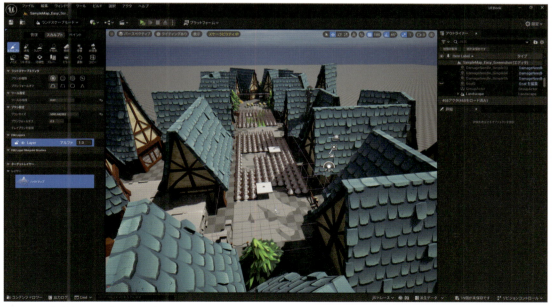

図9-26：作成すると巨大な地面が現れる

ランドスケープで地形を生成できたら、もともと配置されていた床のグレーボックスを削除しましょう。「ランドスケープモード」ではビューポートからアクタを選択できないため、画面左上の「ランドスケープモード」→「選択」を選び、「選択モード」に戻る必要があります。

図9-27：画面左上のメニューを使って、選択モードに戻れる

　必要のなくなった床のグレーボックスを選択し、Deleteキーで消してしまいましょう。なお、間違えてランドスケープを消してしまった場合は、Ctrl + Zキーで操作を1手順取り消すことができます。

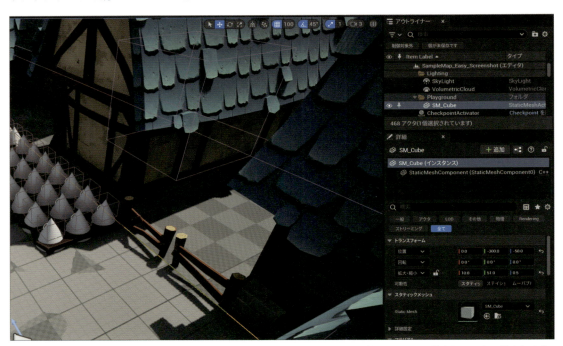

図9-28：灰色のチェック柄のマテリアルが使われているアクタはランドスケープであるため、消さないように注意しよう。重なっているので分かりにくいが、アクタ選択時、アクタの形に沿って表示されるオレンジ色の枠を見れば、無事に床のアクタを選択できているか分かるはずだ

　床を消したら、再度ランドスケープモードに切り替えます。

● **スカルプト機能を使って、地形を編集する**

　作成したランドスケープを使って、遠景の山を作ってみましょう。ランドスケープ機能のひとつ「スカルプト」を使えば、地形を盛り上げたりくぼませたりといった編集が簡単に行えます。

ランドスケープ編集用のパネル上部にある「スカルプト」をクリックして、スカルプト機能を使える状態にします。山を作るため、本書では「スカルプト」と「消去」を利用します。

図9-29：
スカルプトは複数のツールを備えており、ここでは「スカルプト」と「消去」のツールを利用する

▶ スカルプト

「スカルプト」は、地形の高さを変えるツールです。ペイントソフトにおけるブラシのような感覚で使用でき、ブラシでなぞった部分の地形が盛り上がります。

ランドスケープモード中では、ビューポート上のマウスカーソルは十字マークで表示されます。スカルプトの使用中は、ブラシの影響範囲を示す2つの円が十字マークを中心に現れます。

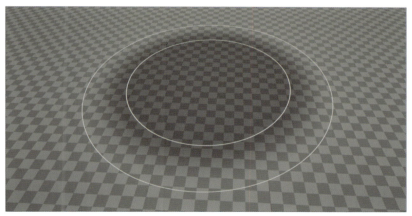

図9-30：
円の中がスカルプトの影響範囲

ランドスケープ上でドラッグ操作を行うと、円内部の地形が高くなります。Shiftキーを押しながらドラッグすると、地形が低くなります。

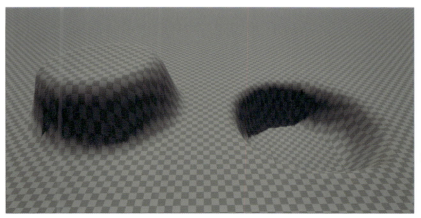

図9-31：
左側の地形はドラッグ、右側の地形はShiftキーを押しながらドラッグして変形させた

「スカルプト」では、設定によってブラシの大きさや強さを変更できます。主な設定項目は以下の通りです。

- **ツールの強度**：ドラッグしている時間あたりの地形変化の強さ
- **ブラシサイズ**：ブラシの影響範囲
- **ブラシフォールオフ**：2つある円のうち内側の円が示す、ブラシの最も影響力が強い範囲の大きさ。0に近いほど広くなり、1に近いほど狭くなる

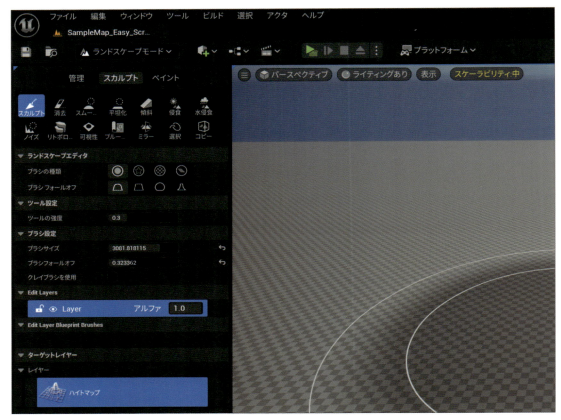

図9-32：画面左側のパネルに設定項目が並んでいる

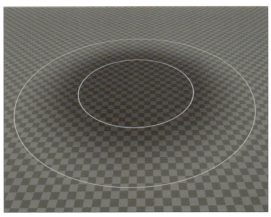 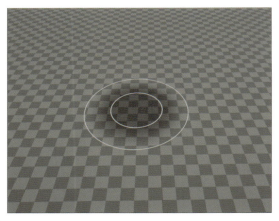

図9-33：左：ブラシサイズ「2048」、右：ブラシサイズ「512」

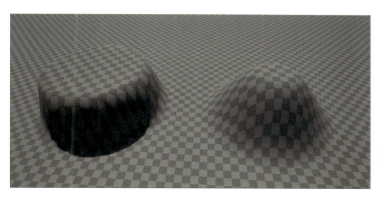

図9-34：
左：フォールオフ「0.3」
右：フォールオフ「0.8」

▶ 地形の消去

　思うような地形にならなかった場合は、「消去」ツールを使ってリセットしましょう。
　「消去」を使うことで、地形を作成時の高さに戻せます。「スカルプト」と同じく、マウスのドラッグで使用します。

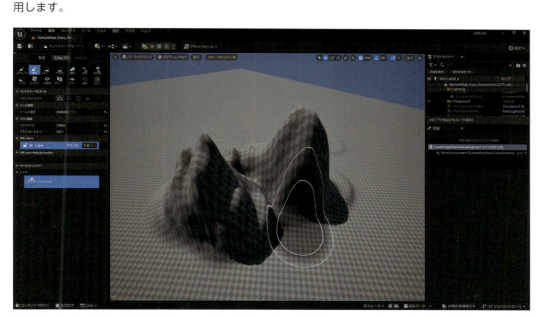

図9-35：「スカルプト」で紹介した「ツールの強度」「ブラシサイズ」「ブラシフォールオフ」の設定は「消去」にも共通している

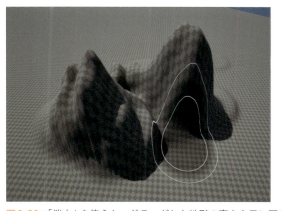

図9-36：「消去」を使うと、ドラッグした地形の高さを元に戻せる

「スカルプト」と「消去」を駆使して、思いのままに地形を作り上げましょう。

図9-37：
ステージを囲む山々をスカルプトした様子

● ペイントで地面の見た目を変える

地形の形状を整えたら、次は地形表面の見た目を変える機能「ペイント」を使いましょう。

見た目の設定には、ランドスケープ用のマテリアル「ランドスケープマテリアル」を使用します。ただし、ランドスケープマテリアルは通常のマテリアルとは設定手順が異なります。

適用するマテリアルは「FANTASTIC - Village Pack」に含まれている「MI_landscape」を使ってみます。エディタ画面右側のアウトライナーには、レベル内に存在するすべてのアクタが一覧表示されています。その中から「Landscape」を探して選択します。

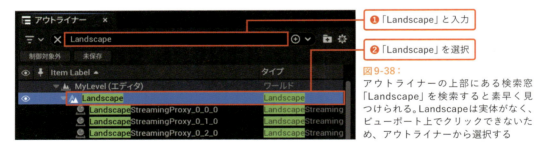

図9-38：
アウトライナーの上部にある検索窓「Landscape」を検索すると素早く見つけられる。Landscapeは実体がなく、ビューポート上でクリックできないため、アウトライナーから選択する

画面右下の詳細パネルにある「ランドスケープ」→「ランドスケープマテリアル」の右側にある「なし」をクリックし、マテリアルのリストから「MI_landscape」を設定します。

図9-39：
マテリアルも検索欄を使って探したほうが早く見つかる。「mi_landscape」と完全に入力せずとも、文字を入力するたびに該当する対象を探してくれる

図9-40：「MI_landscape」を選択すると地面が黒くなるのは正しい挙動。このまま操作を続けよう

ランドスケープマテリアルを設定できたら、**ランドスケープ編集用のパネル**上部にある「**ペイント**」をクリックします。

図9-41：
「スカルプト」から「ペイント」に切り替えよう

ランドスケープ編集用のパネル下側にある「ターゲットレイヤー」→「レイヤー」には、「Grass」や「Gravel」などの名前が付いた「**レイヤー**」と呼ばれる項目が並んでいます。ランドスケープマテリアルは、レイヤーごとにセットされたマテリアルで構成されています。ペイントを使って、各レイヤーのマテリアルをランドスケープに塗っていきます。

図9-42：
もしレイヤーが表示されていなければ、ランドスケープマテリアルが設定されているか見直そう

各レイヤーの「なし」と書かれた場所をクリックすると、「(レイヤー名)_LayerInfo」という名前のアセットが選択できます。図9-44と同じになるよう、**それぞれのレイヤー**に対応する「(レイヤー名)_LayerInfo」を設定しましょう。これで、各レイヤーに対応したマテリアルが表示されるようになります。

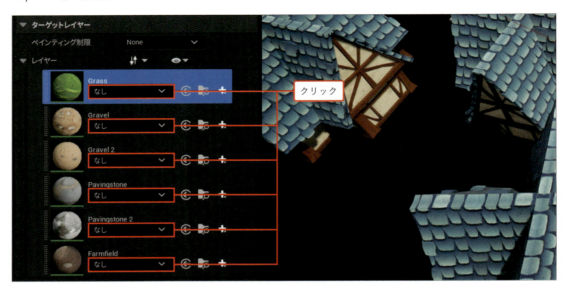

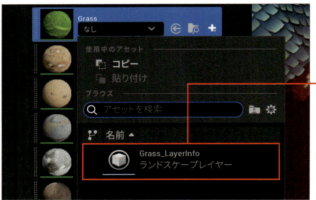

図9-43：
Grass内の「なし」を選択すると「Grass_LayerInfo」という名前のアセットが見つかる。クリックして選択しよう

図9-44：
すべての項目を設定した状態。この画像と同じLayerInfoを設定しよう

正しく設定できていれば、次の図のようにランドスケープが草のマテリアルで覆われます。

図9-45：ランドスケープが一面緑色になっていれば、LayerInfoの設定は完了だ。草のマテリアルが一面に塗られており、それ以外のレイヤーにセットされたマテリアルは一切塗られていない

　これで、ペイントの準備が整いました。ランドスケープにペイントする際は、**選択したレイヤーにセットされているマテリアルが塗られていきます**。絵の具で絵を描くときに色を重ね塗りしていくようなイメージです。パネル下部から、ペイントしたい見た目のレイヤーをクリックして選択しましょう。

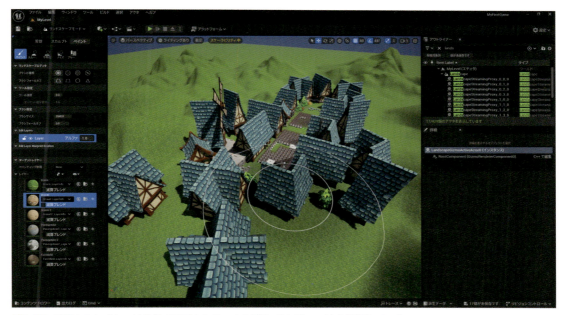

図9-46：選択中のレイヤーは青色で表示される。上の画像では「Gravel」を選択している

　レイヤーを選択したら、地形を塗ってみましょう。ドラッグでペイント、 Shift キーを押したままドラッグでペイントしたマテリアルを消すことができます。

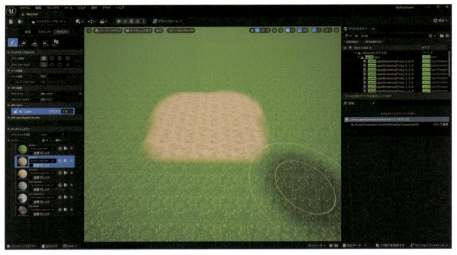

図9-47：ペイントすると、元々塗られていたマテリアルに対し、選択中のレイヤーに対応したマテリアルで上塗りされる

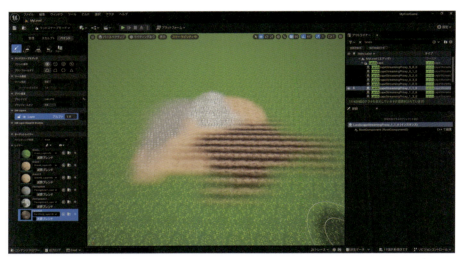

図9-48：「ツール強度」や「ブラシフォールオフ」を調整することで、複数のマテリアルをグラデーションさせることも可能だ

　このほかにも、ランドスケープモードの各ツールには豊富な機能が用意されています。試行錯誤しながら、ゲーム中に遠くに見える魅力的な遠景を作っていきましょう。

図9-49：コースの地面をペイントした様子。ペイントは、地面に道を描くのにも使える

ギミックの見た目を差し替える

最後に、**ギミックの見た目**を差し替えましょう。本書の配布データには、ギミック用の3Dモデルやマテリアルも含まれています。STEP4 (P.34) でダウンロードしたデータ内にある「Content」フォルダから、「Environment」フォルダを探してください。

「Colon」フォルダと同じように、「Environment」フォルダを**プロジェクトの「Content」フォルダ直下にコピー**しましょう。

図9-50：プロジェクトのフォルダは、Epic Games Launcherからプロジェクトを右クリックし「フォルダで開く」を選択するとアクセスしやすい

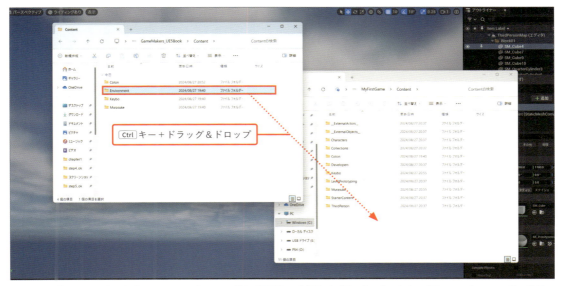

図9-51：ダウンロードした「Environment」フォルダを、Ctrlキーを押しながらプロジェクトの「Content」フォルダへドラッグ＆ドロップしてコピーする

UE5のコンテンツドロワー上で「コンテンツ」→「Environment」→「Meshes」へ移動しましょう。図9-52と同じ3Dモデルが表示されていれば完了です。

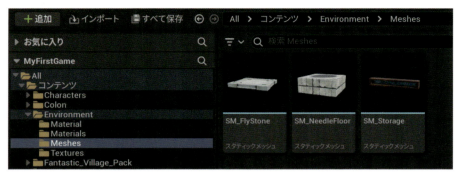

図9-52：「Meshes」フォルダ内に3つの3Dモデルが用意されている

● 動く床の3Dモデルを差し替える

「Meshes」フォルダ内の「SM_FlyStone」は、動く床の3Dモデルとして使用できます。「コンテンツ」→「MyFirstGame」→「Blueprints」から動く床のブループリント「BP_MovingBoard」をダブルクリックし、編集画面から3Dモデルを差し替えましょう。

図9-53：編集画面を開いたら、3Dモデルの変更を確認しやすくするため、ビューポートタブに切り替えよう

ブループリント編集画面の左上にある「コンポーネント」タブから、床板の3Dモデルにあたる「MovingBoard」コンポーネントをクリックして選択しましょう。

図9-54：「BP_MovingBoard (self)」ではなく「MovingBoard」と書かれているものを選ぼう

画面右側の詳細パネルから、「Static Mesh」の右側にある「Cube」をクリックしましょう。3Dモデルのリストが表示されるため、先ほど導入した「SM_FlyStone」を選択します。

図9-55：動く床用に作られた「SM_FlyStone」を設定する

　そのままだと大きさがおかしいため、「MovingBoard」コンポーネントの「拡大・縮小」の値をすべて1.0に戻しましょう。

　また、床の四隅にある四角形の部分が白くなっている場合は、「マテリアル」の「エレメント 0」の右側にある↩をクリックすると修正できます。

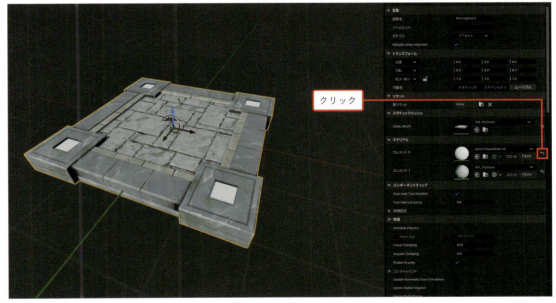

図9-56：一部が白くなるのは、変更前の3Dモデルで使われていたマテリアルが変更されずに残っているため。四角形の色が緑色になれば問題なく修正できている。なお、ブループリント編集画面におけるビューポートはレベルのビューポートと同じように視点を操作できる。見づらい場合は適宜視点を調整しよう

レベル上の見た目が次の図のようになっていれば、差し替えは完了です。

図9-57：
大きさが元の白い板と変わらず、かつ石板のような見た目で、四隅の四角形が緑色になっていれば正しく適用できている。上手くいかなかった場合は、1手順ごとに確認しながら操作しよう

● 動くトゲのマテリアルを差し替える

続いて、動くトゲのマテリアルを差し替えましょう。「コンテンツ」→「MyFirstGame」→「Blueprints」から、動くトゲのブループリント「BP_MovingDamageNeedle」をダブルクリックして編集画面を開きます。

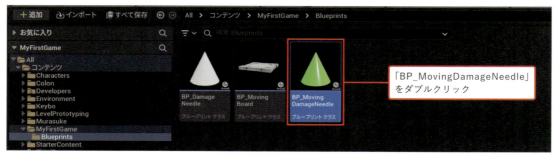

図9-58：「BP_MovingDamageNeedle」の編集画面を開く

編集画面左側の「コンポーネント」タブから「Needle」を選択しましょう。

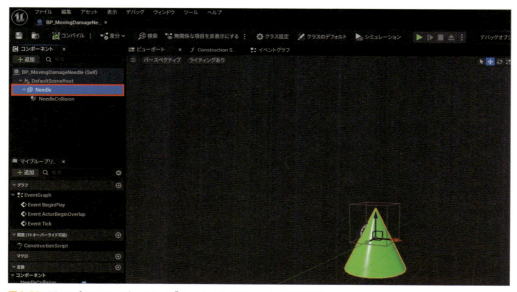

図9-59：3Dモデルのコンポーネント「Needle」をクリックして選択する

画面右側の詳細パネルから「マテリアル」→「エレメント 0 」の右側にある「BasicAsset03」(STEP7 [P.80] で選択したマテリアル) をクリックしましょう。マテリアルのリストから、「MT_Needle」を選択します。

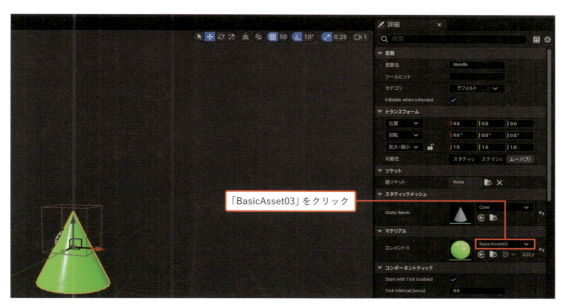

「BasicAsset03」をクリック

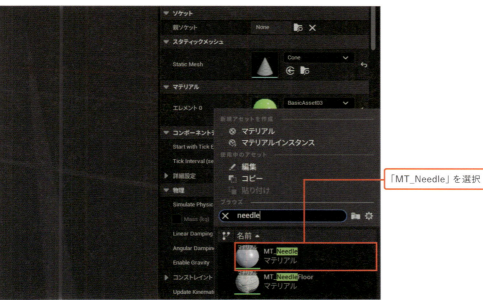

「MT_Needle」を選択

図9-60：
「MT_Needle」に変更すると、トゲがこのような質感に変化する

👉 POINT
トゲが突き出す穴を設置する

現状の動くトゲのギミックは、地面から突然トゲが突き出すため少し理不尽に感じてしまいます。そこで、「コンテンツ」→「Environment」→「Meshes」にある「SM_NeedleFloor」を動くトゲが突き出す地面に設置してみましょう。

「SM_NeedleFloor」が地面に埋まってしまう場合は、少しだけ上に移動させよう

加えて、SM_NeedleFloorに描かれた穴と大きさが一致するよう、「BP_MovingDamageNeedle」の編集画面を開いて**「Needle」コンポーネントの「拡大・縮小」を以下の通り変更しましょう。**

- 拡大・縮小：X=0.8, Y=0.8, Z=1.0

これで、地面から動くトゲが突き出すことが分かりやすくなりました。

● トゲの3Dモデルを差し替える

トゲの見た目は、マーケットプレイスからダウンロードした「FANTASTIC - Village Pack」に含まれている3Dモデルを活用しましょう。

「コンテンツ」→「MyFirstGame」→「Blueprints」から、トゲのブループリント「BP_DamageNeedle」の編集画面を開き、編集画面左側の「コンポーネント」内の「Needle」を選択します。

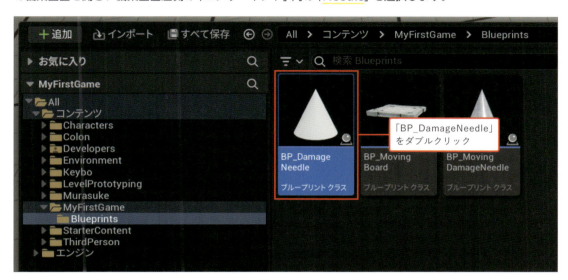

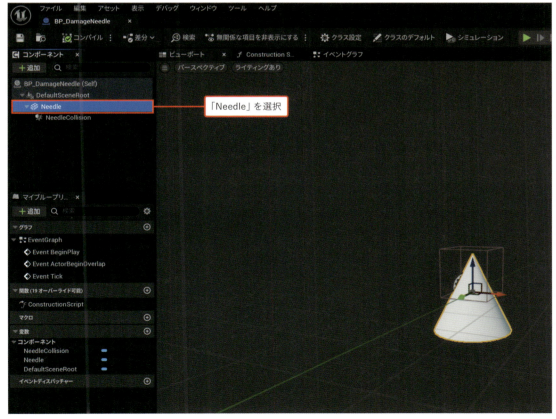

図9-61：動くトゲと同じように「Needle」をクリックして選択する。見た目を変更するため、ほかのギミックと同様にビューポートタブを開いて作業しよう

画面右側の詳細パネルから、「Static Mesh」の右側にある「Cone」をクリックしましょう。3Dモデルのリストから「SM_PROP_wall_wood_post_03」を選択します。

図9-62：
先がとがった木の柱を、トゲの見た目として使用する

柱側面のマテリアルが白いままになっている場合は、「マテリアル」の「エレメント 0」の右側にある⤺をクリックすると修正できます。

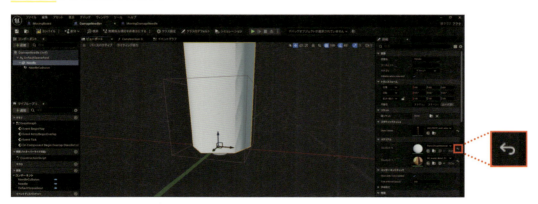

図9-63：マテリアルが変更されずに残ってしまったら、本来の木のマテリアルに戻そう

3Dモデルを変えたことにより、トゲの位置がずれています。「Needle」の「トランスフォーム」にある「位置」のZを-440.0に、「NeedleCollision」における「位置」のZを460.0にして、トゲと当たり判定の位置が一致するよう調整しましょう。

図9-64：
当たり判定のボックスとトゲの位置がぴったり合うようにしよう

ビューポートに戻ると、見た目の変更が反映されています。これで、この世界観に合ったトゲを作ることができました。

図9-65：トゲであることを示しつつも、見た目がより自然になった

レベルを好きなように彩る

ここまで紹介してきたアセットの置き換えやランドスケープを駆使して、STEP8で制作したアスレチックコースが豪華に彩られました。

図9-66：装飾後のマップ例

今回使用した「FANTASTIC - Village Pack」のほかにも、マーケットプレイスではさまざまなアセットが無料配布されています。参考として、2つの無料配布アセットを使って作成したステージの一例を次のページに掲載しています。

同じ構造のレベルでも、見た目が違えば雰囲気が大きく変わることが分かります。余裕がある方は、別のバリエーションのレベルを作ってみてもよいかもしれません。

● 【Modular Scifi Season 2 Starter Bundle】

 Modular Scifi Season 2 Starter Bundle
https://www.unrealengine.com/marketplace/ja/product/modular-scifi-season-2-starter-bundle

● 「Infinity Blade: Grass Lands」

 Infinity Blade: Grass Lands
https://www.unrealengine.com/marketplace/ja/product/infinity-blade-plain-lands

STEP 10 サウンドとエフェクトでリッチな演出を作ろう

最後のSTEPでは、アスレチックコースの最後に設置する「ゴール」を作ります。特定の場所に到達したら**エフェクト**（ビジュアルエフェクト＝VFX）と**SE**（サウンドエフェクト）が再生される演出を施し、遊んでくれたプレイヤーに達成感を味わってもらいましょう。

ゴールのアクタを作る

コンテンツドロワーを開いて、「コンテンツ」→「MyFirstGame」→「Blueprints」フォルダに移動します。新たなアクタを作成し、名前は「BP_Goal」としましょう。

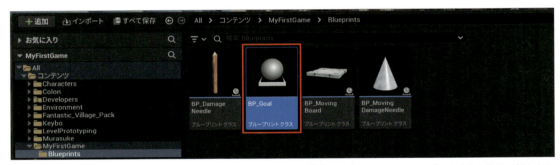

図10-1：コンテンツドロワーの空いている場所を右クリックして、「ブループリントクラス」→「アクタ」を選択。新たなアクタ「BP_Goal」を作ろう

「BP_Goal」をダブルクリックして編集画面を開きます。レベルに配置したときにゴールの場所を見た目で示せるよう、**3Dモデルを追加**します。画面左上の「＋追加」ボタンから「**スタティックメッシュコンポーネント**」を追加し、名前を「GoalFlag」としましょう。

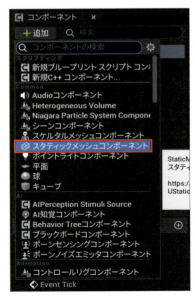

図10-2：
3Dモデルのコンポーネント「スタティックメッシュコンポーネント」を追加する

「GoalFlag」を選択した状態で、詳細パネルの「スタティックメッシュ」→「Static Mesh」から、ゴールの見た目として使う3Dモデルを選択しましょう。ここでは、「FANTASTIC - Village Pack」に含まれている「SM_PROP_flag_06」を使用します。

図10-3：ゴール地点らしくフラッグを選択したが、好みに合わせて任意の3Dモデルを選んでも問題ない

プレイヤーがゴール地点に到達したかどうかは、当たり判定を使って確認します。STEP7（P.51）でトゲを作成した時と同様に、当たり判定を追加しましょう。

「GoalFlag」を選択したうえで、画面左上の「＋追加」ボタンから「Box Collision」を追加し、名前を「GoalCollision」とします。ゴールの3Dモデルを通過したプレイヤーが当たり判定に触れるよう、「GoalCollision」の「位置」と、「形状」→「Box Extent」を調整しておきましょう。例として、以下のように設定しました。

位置	Box Extent
・X：0.0	・X：50.0
・Y：120.0	・Y：600.0
・Z：240.0	・Z：250.0

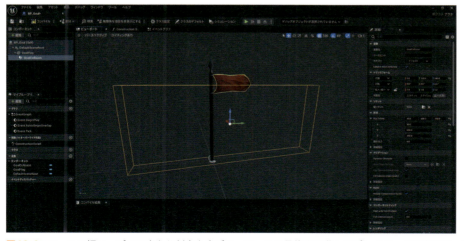

図10-4：コースの幅いっぱいに当たり判定を広げて、コースの最後まで進んだプレイヤーが確実にゴールできるようにする

エフェクトを発生させる

続いて、ゴールの当たり判定に触れたときにエフェクトを発生させる処理を実装します。

UE5のエフェクトは「Niagara（ナイアガラ）」というシステムで作られています。Niagaraを使って美しいエフェクトを自作するのもよいですが、本書ではUE5に最初から用意されている"周囲に粒子を飛ばすエフェクト"「RadialBurst」を使用します。

「GoalCollision」を右クリックし、「イベントを追加」→「OnComponentBeginOverlapを追加」を選択すると、イベントグラフに「OnComponentBeginOverlap(GoalCollision)」ノードが追加されます。

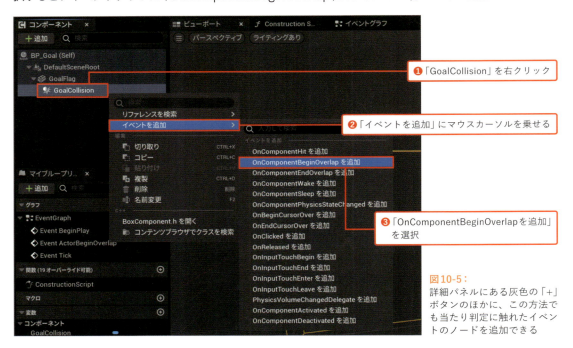

図10-5：
詳細パネルにある灰色の「+」ボタンのほかに、この方法でも当たり判定に触れたイベントのノードを追加できる

「OnComponentBeginOverlap(GoalCollision)」ノードには、STEP7（P.65）で作ったトゲと同様にプレイヤーキャラクターにだけ反応する仕組みを組み込んでおきましょう。

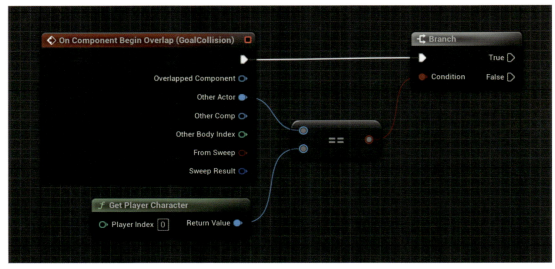

図10-6：当たり判定に触れたアクタがプレイヤーキャラクターと一致するときにだけ処理を実行する仕組み

「Branch」ノードの「True」ピンに続けて、指定した位置にエフェクトを出現させるノード「Spawn System at Location」を追加します。

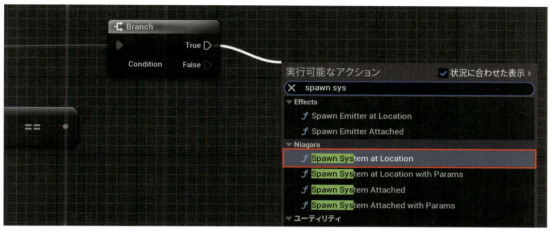

図10-7：「Spawn System」ノードにはいくつか種類があるが、今回は「Spawn System at Location」を使う

「Spawn System at Location」ノードの「System Template」ピンの「アセットを選択」をクリックすると、発生させるエフェクトを選択するメニューが表示されます。エフェクトが何も表示されなかった場合は、メニュー右上の歯車アイコンをクリックして「エンジンのコンテンツを表示」と「プラグインコンテンツを表示」にチェックを入れてください。

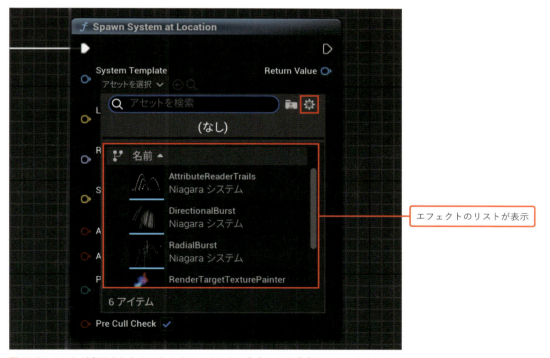

図10-8：リストが表示されなかったときは、リストの右上にある歯車アイコンをクリック

図10-9：
「エンジンのコンテンツを表示」「プラグインコンテンツを表示」にチェックを入れると、UE5にデフォルトで用意されたエフェクトが表示されるようになる

表示されたリストから「RadialBurst」を探し、クリックして選択します。

図10-10：
周囲に白い粒子が飛び散る「RadialBurst」を使う

エフェクトを出現させる位置として、プレイヤーキャラクターと同じ位置から粒子が飛び出すように設定します。新たに「Get Actor Location」ノードを配置し、「Return Value」ピンを「Location」ピンに、「Target」ピンを「OnComponentBeginOverlap(GoalCollision)」の「Other Actor」ピンにつなぎましょう。

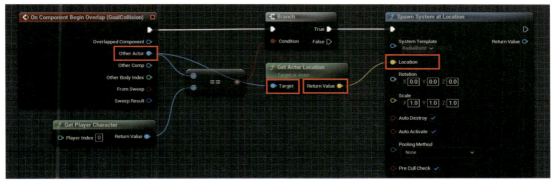

図10-11：エフェクトの出現位置として使う「Location」ピンに当たり判定に触れたアクタ（ここではプレイヤーキャラクター）の現在位置を使用する、という仕組みだ

　ここまでで「ゴールの当たり判定と触れたときにエフェクトを発生させる仕組み」ができました。さっそく「BP_Goal」をレベル上のゴールにあたる位置（動くトゲエリアの先）に配置し、テストプレイをしてみましょう。ゴールに触れた時、プレイヤーキャラクターの位置からエフェクトが出れば成功です。

図10-12：
ゴールの当たり判定に触れた瞬間に白い粒子が飛び散る。最初にエフェクトを再生する際、再生準備の処理に時間がかかり、エフェクトが表示されないことがある。もしゴールしてもエフェクトが表示されなかったら、しばらく待ってもう一度試してみよう

● SEを再生させる

「BP_Goal」の編集画面に戻りましょう。ゴールの当たり判定に触れたときにSE（サウンドエフェクト）を発生させる処理を実装します。

先ほど追加した「Spawn System at Location」ノードに、指定した位置でサウンドを再生するノード「Play Sound at Location」を接続しましょう。

図10-13：「Play Sound at Location」で再生するサウンドは、位置によって聞こえ方が変化する

「Play Sound at Location」ノードでは、再生するサウンドの**種類**と**再生位置**を指定できます。「Sound」ピンの「アセットを選択」をクリックし、メニューから「VR_click3_Cue」を選択して、サウンドの種類を指定します。

図10-14：
デフォルトで用意されている効果音「VR_click3_Cue」を選択する

続いて、サウンドの再生位置を指定します。エフェクトと同じくプレイヤーキャラクターの位置で鳴らすよう、「Get Actor Location」ノードを「Location」ピンにつなげましょう。

図10-15：「Location」ピンにつなげる「Get Actor Location」ノードは、先ほど配置したものを使用しよう

図10-16：「BP_Goal」の完成図

　これで、SEの再生処理は完成です。コンパイルした後にブループリントを保存しましょう。テストプレイを行い、ゴールに触れたときにSEが再生されるか確かめてください。

図10-17：
ここまでの操作が上手くいっていれば、エフェクトの発生と同時にSEが再生される

　以上、STEP10までの手順で、キャラクターを操作し、オリジナルのコースを進んで、ゴールにたどり着くという一連のゲームプレイが実装されたゲームが完成しました！これまでに学んだ内容を生かし、ギミックを追加したり、さらに美しい背景を目指して3Dモデルを配置したりして、制作したゲームを発展させてみましょう。

なお、本書にはこれ以降、さらに高度な内容を解説するCHALLENGE編を用意しています。準備ができたら、次のページからさらに発展的な内容に挑戦してみましょう。

> **POINT**
> **UE5のサウンドアセット**
>
> UE5には「サウンドウェーブ」と「サウンドキュー」というサウンドアセットがあります。サウンドウェーブは音源そのもの、サウンドキューは音源に加え、ピッチや音量をどう変えるかといった再生の制御に関する情報を持つアセットです。
> 特定のサウンドを再生するだけであれば「サウンドウェーブ」で、より複雑な加工を加えたい場合は「サウンドキュー」といったように使い分けましょう。
>
> また、サウンドの再生を司るノードには、「Play Sound at Location」と「Play Sound 2D」の2種類があります。これらの違いは「3Dオーディオ」に対応しているかどうかです。「3Dオーディオ」とは、距離が離れるほど音が小さくなる、音源が左にある場合に左耳から聞こえてくるなどのように、現実の環境を擬似的に再現した再生方法を指します。
> 一方、2Dのサウンドはプレイヤーがどこにいても同じように（PCから直接サウンドファイルを再生するように）聞こえます。このため、BGMやUIへのインタラクト時に再生するSEに適しています。用途に応じて使い分けましょう。

ブラッシュアップしよう!

ここからは発展編です。CHAPTER4では、完成したゲームをブラッシュアップさせる、4つのCHALLENGEを用意しています。CHALLENGE1からCHALLENGE3の内容はそれぞれ独立しているため、興味のあるものから進めてかまいません。
CHALLENGE4では、完成したゲームをほかのPCでも遊べる形式で出力する工程を行います。ゲームが完成したら、誰かに遊んでもらいましょう。

CHAPTER 4

CHALLENGE 1
UIを作って遊びやすくしよう

4つのCHALLENGEを通して、これまでに制作してきたゲームをブラッシュアップする方法をお伝えします。今の段階でも問題なくプレイできるものの、ゲームのクオリティを向上させる余地はまだまだあります。このCHALLENGEではそのうちのひとつ、ゲームにとって欠かせない「UI」（ユーザーインターフェース）を作ります。

CHALLENGE1では、「ゴール！！」と書かれたテキストを配置したUIを制作し、ステージの最初からリスタートする機能を実装します。あわせて、ゴールのブループリントに機能を追加し、作成したUIを"ゴールしたとき"に表示するように設定します。

● UIのアセットを保存するフォルダを作成する

UE5ではUIを「ウィジェット」と呼び、ブループリントを使って作成できます。まずはUIのブループリントアセットを保存するフォルダを作成します。コンテンツドロワーで「コンテンツ」→「MyFirstGame」を開きましょう。コンテンツドロワー上の空いている場所を右クリックし、メニューから「新規フォルダ」して新たなフォルダを作ります。フォルダ名は「UI」としましょう。

KEYWORD
UI

「UI（ユーザーインターフェイス）」とは、ゲームの状態を視覚的に伝える要素です。
例えば、プレイヤーの残り体力を示す体力ゲージもUIです。画面上に常時表示されることで、プレイヤーは自分の体力を把握しながらゲームを進められます。
メニュー画面やNPCとの会話ウィンドウなど、プレイヤーの操作に反応するUIも存在します。

UIを作って遊びやすくしよう

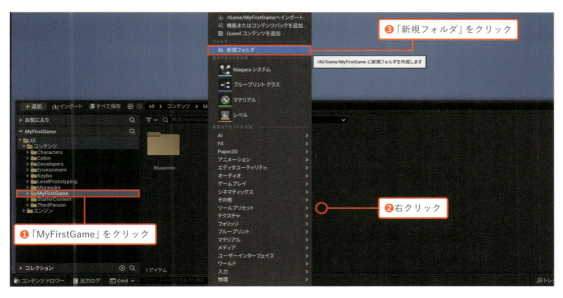

図1-1：フォルダ階層は「コンテンツ」→「MyFirstGame」→「UI」とした。このように、アセットの種類ごとにフォルダを分けておくと管理しやすい

UIのアセットを新規作成する

作成した「UI」フォルダに移動します。コンテンツドロワー上の何もないところを右クリックしてメニューを表示し、「ユーザーインターフェイス」から**UI専用のブループリント「ウィジェットブループリント」**を選択しましょう。

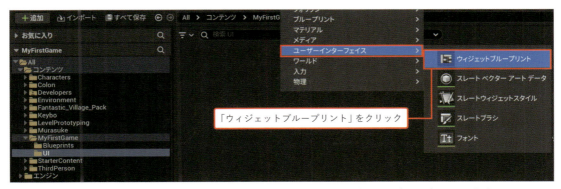

図1-2：新しいブループリントを作成するのと同じように、メニューからウィジェットブループリントを作成しよう

アクタの作成と同じように、「新しいウィジェットブループリントの親クラスを選択」と書かれたウィンドウが表示されます。今回は「**ユーザーウィジェット**」を選択しましょう。

図1-3：「ユーザーウィジェット」は、シンプルな機能を持つウィジェットだ

作成したウィジェットブループリントの名前は「**WBP_Goal**」とします。

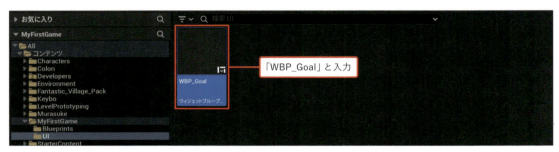

図1-4：接頭辞の「WBP」は、ウィジェットブループリント（Widget Blueprint）を表している

● **ウィジェットブループリント編集画面の構成**

作成した「WBP_Goal」をダブルクリックすると、ウィジェットブループリント用の編集画面が開きます。ウィジェットブループリントの編集画面は、**UIの見た目を作成する「デザイナー」タブ**と、通常のブループリントと同様に**仕組みを作る「グラフ」タブ**に分かれており、画面右上のボタンでタブを切り替えられます。

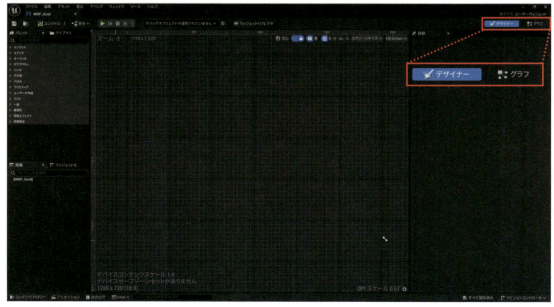

図1-5：デザイナータブの画面。ここにボタンやテキストなどを配置し、見た目を構築する

144

UIを作って遊びやすくしよう

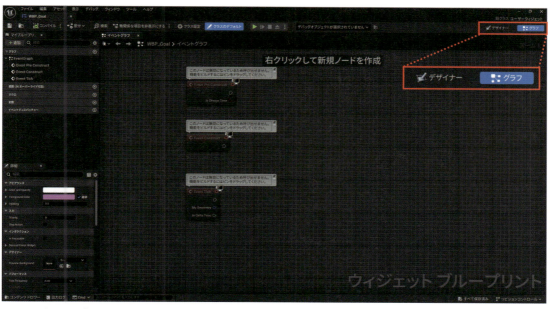

図1-6：グラフタブの画面。通常のブループリントと同じく、イベントグラフ上でノードを使って「ボタンを押したときに○○する」などの処理を実装する

● UIのパーツを配置する

まずはデザイナータブでUIの見た目を作りましょう。画面がデザイナータブになっていない場合は、右上の「デザイナー」をクリックしてください。

デザイナータブの画面左側にある「パレット」ウィンドウには、**ボタン**や**テキスト**などの**UIを構成するパーツ**が一覧表示されています。配置したいパーツを、画面中央の「ビジュアルデザイナ」ウィンドウや、画面左下の「階層」ウィンドウにドラッグ＆ドロップすることで、UIにパーツを追加できます。

図1-7：UIを構成・確認できるデザイナータブを持つのが、ウィジェットブループリントの編集画面における特徴となる

はじめに、自身の領域内に自由にUIを配置できるパーツ「**キャンバスパネル**」を画面全体に表示されるよう配置しましょう。画面全体を領域とするキャンバスパネルを置くことで、画面上の自由な場所にほかのパーツを配置できるようになります。パレットウィンドウから「パネル」→「**キャンバスパネル**」をドラッグし、画面中央のビジュアルデザイナウィンドウにドロップすることで配置できます。

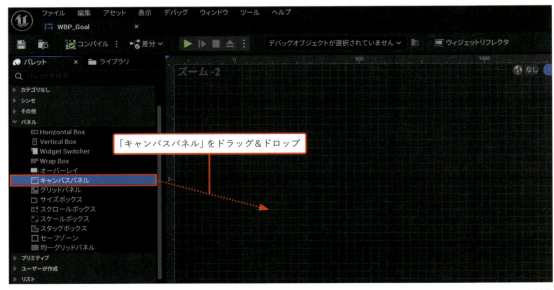

図1-8：「パネル」をクリックすると、「キャンバスパネル」を含む、パネルカテゴリのパーツが一覧表示される。UIを制作するうえでは、キャンバスパネル上にボタンやテキストなどのUIを構成するパーツを配置していくことが多い

　続いて、テキストを配置します。パレットウィンドウから、「一般」→「テキスト」を、先ほど配置したキャンバスパネルの領域内にドラッグ＆ドロップすると、「テキストブロック」と書かれたテキストがキャンバスパネル内に配置されます。これで、UIを表示すると「テキストブロック」という文字が画面上に現れるようになりました。

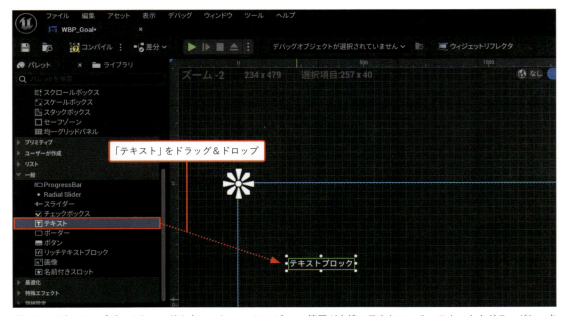

図1-9：ビジュアルデザイナウィンドウ内に、キャンバスパネルの範囲が点線で示されている。テキストをドラッグし、点線の内側へドロップしよう

配置したパーツには名前をつけることができます。階層ウィンドウから、配置したテキストを右クリックし、「名前変更」を選択して「Text_Goal」に名前を変えましょう。

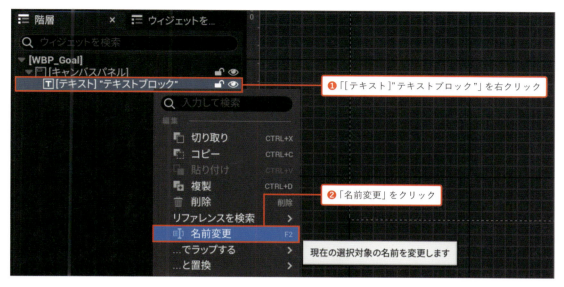

図1-10：アセット名や変数名と同じく、テキストを選択した後に F2 キーでも名前を変更できる

表示されるテキストの内容を変えていきます。階層ウィンドウ上で「Text_Goal」をクリックし、選択しましょう。選択状態のまま、画面右側の詳細パネルにある「コンテンツ」→「Text」の右側に書かれているテキストを、「Text Block」から「ゴール！！」に書き換えます。

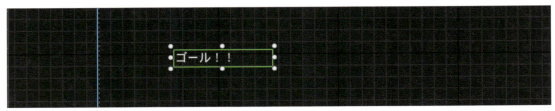

図1-11：Text欄には、最初から「テキストブロック」もしくは「Text Block」という文字列が入っている。これを任意の文字列に変更していこう。今回はシンプルに「ゴール！！」とした

「Text_Goal」を選択した状態で、詳細パネルの「アピアランス」からテキストの色やサイズを変更できます。「Font」→「Size」の数値を64に変更して、テキストを拡大しましょう。

図1-12：アピアランスでは、フォントや文字揃えなども設定可能だ

配置したテキストの位置を調整し、画面の中央に表示されるよう配置します。配置位置を変更するために、「Text_Goal」を選択した状態で、画面右の詳細パネルから「アンカー」をクリックし、■を選択します。

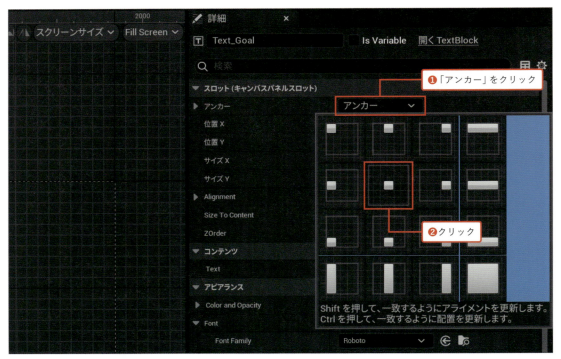

図1-13：アンカーの位置を原点にしてパーツの位置が決まる。テキストのアンカーが画面の中心に来るように変更した

その後、詳細パネルから、「位置」「Allignment」「Size To Content」を以下のように設定します。

- 位置X：0.0
- 位置Y：-200.0
- Allingment X：0.5
- Allingment Y：0.5
- Size To Content：チェックあり

図1-14：白い花のようなアイコンは「アンカーの位置」を示している。今回は画面の中心にアンカーが表示されている

テキストだけのシンプルな作りではありますが、これでゴールのUIは完成です。もう少しリッチな見た目を作りたい方は、フォントの色などを変更したり、自分で作成した画像ファイルを配置したりしてみましょう。

COLUMN
画像をUIに表示させる

UIをより賑やかな見た目にしたい場合は、PNGなどの画像ファイルを表示させてみましょう。Windowsのエクスプローラーから、コンテンツドロワーに直接画像ファイルをドラッグ＆ドロップすると、画像をプロジェクトにインポート（導入）できます。インポートした画像をキャンバスパネルにドラッグ＆ドロップするのですが、画像のアスペクト比（縦横比）が正しくない状態で配置されることがあります。

アスペクト比を修正するには配置した画像を選択し、詳細パネルの「Size To Content」にチェックを入れたうえで、「アピアランス」→「Brush」の「Image Size」を画像と同じサイズに変更します。

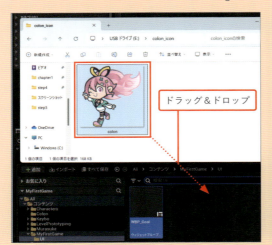

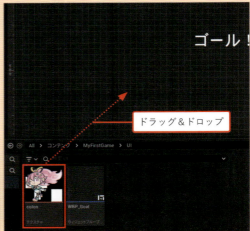

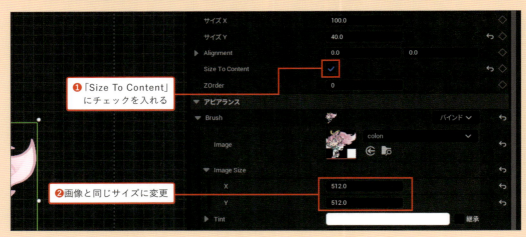

作成したUIアセットを表示させる処理を実装する

ここでは、作成したUIアセットをゴール時に表示させる処理を実装していきます。コンテンツドロワーで「コンテンツ」→「MyFirstGame」→「Blueprints」フォルダに移動し、STEP10（P.132）で作ったゴールのブループリント「BP_Goal」の編集画面を開きます。そして、イベントグラフタブに移動しましょう。

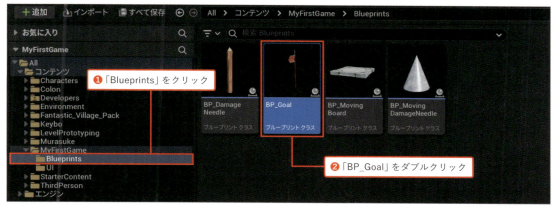

図1-15：「BP_Goal」をダブルクリックして編集画面を開こう

ウィジェットブループリントを基に、画面に表示できる状態のUIを作り出す「Create Widget」ノードを、「On Component Begin Overlap (GoalCollision)」から続く処理の最後に追加します。

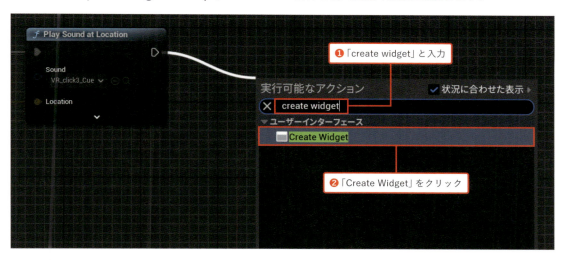

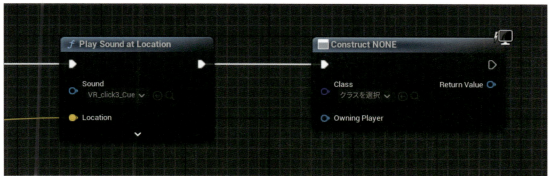

図1-16：STEP10で配置した「Play Sound at Location」ノードの実行ピンに、「Create Widget」を接続する

作成するUIのアセットを指定する「Class」ピンには、「WBP_Goal」を選択します。

図1-17：作成するUIとして「WBP_Goal」を選択すると、ノードの上部に書かれているノード名が「Create WBP Goal Widget」に変化する

続いて「Create WBP Goal Widget」ノードの「Return Value」ピンをドラッグし、**作成したUIを画面に表示するノード「Add to Viewport」**を接続します。「Create WBP Goal Widget」の後に「Add to Viewport」が実行されるよう、実行ピン同士を接続しましょう。

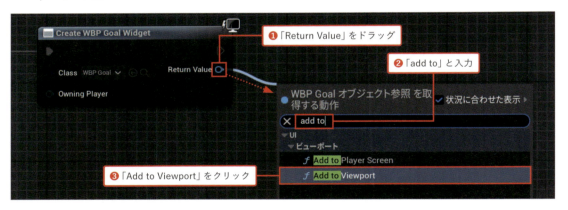

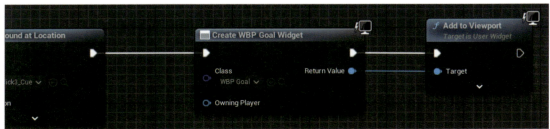

図1-18：「Create Widget」でUIを作成し、「Add to Viewport」で画面に表示させる一連の処理は頻出するため、しっかりと覚えておこう

ゴール後にプレイヤーがキャラクターを動かせると、2回目のゴールやトゲに触れるなどして意図しない動作が起きる可能性があります。そこで、ユーザーの操作などの入力を無効化するノード「Disable Input」を「Add to Viewport」実行ピンにつながるように追加し、プレイヤーキャラクターを操作できないようにしましょう。

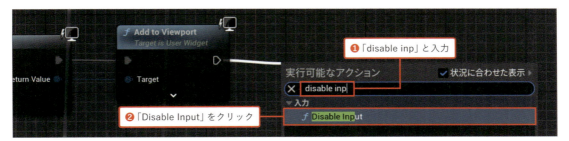

図1-19：プレイヤーキャラクターへの入力を無効化したいため、「Disable Input」を使う。これがないと、UIが表示されている間もキャラクターを動かせてしまう

Disable Inputノードの「Target」ピンには、操作を無効化する対象を入力します。プレイヤーキャラクターを動かせないようにしたいため、「Get Player Character」ノードを接続します。「Player Controller」ピンには「Get Player Controller」ノードを新たに追加し、つなぎましょう。

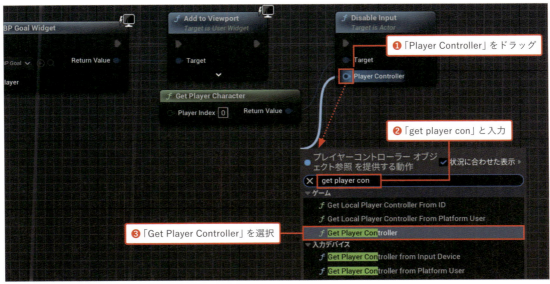

図1-20：UIを表示する処理の完成形

これで、ゴールに触れたときにUIが表示される仕組みができました。プレイして確かめてみましょう。

図1-21：ゴールに触れた際に、先ほど作成したUIが表示される。よりリッチにしたい場合は、自分でペイントツールなどを使用してゴール時に表示させる画像を作ってみよう

UIにリスタート処理を追加する

このゲームはゴールした後、ゲームがまったく進行しません。ゴール後に再び最初からプレイできるよう、UIの表示中は Enter キーかゲームパッドのAボタンでステージをリスタートできる仕組みを実装しましょう。

● 入力を受け取るノードを追加する

まずはウィジェットブループリント「WBP_Goal」の編集画面を再度開きます。画面右上の「グラフ」をクリックして、グラフタブに移動しましょう。

図1-22：「WBP_Goal」の仕組みを編集するため、グラフタブに移動する

「Enter キーもしくは A キーが押されたときに」リスタート処理が実行されるよう、Enter キーが押されたことをWBP_Goalが検知できるようにします。イベントグラフ上で右クリックすると現れるノード一覧から、特定の入力を検知するノードを配置できます。

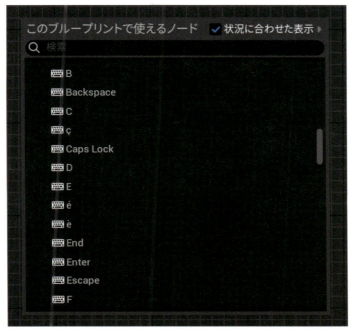

図1-23：
画像に表示されているのはキーボードの入力だが、それ以外にもゲームパッドやタッチスクリーンなどさまざまな入力を検知するノードが用意されている

イベントグラフの何もないところを右クリックしてノード一覧を開きます。「enter」と検索して、「Enter」ノードを追加しましょう。

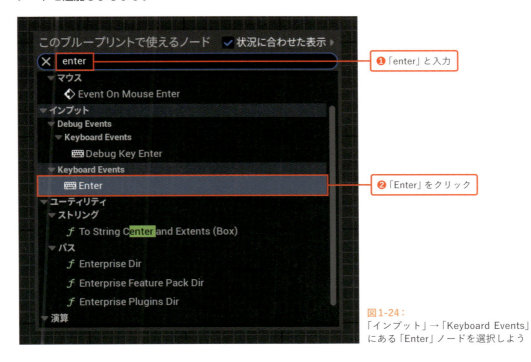

図1-24：
「インプット」→「Keyboard Events」にある「Enter」ノードを選択しよう

図1-25：
画像の通りに「Enter」と書かれたノードが出現する

　これで、Enterキー入力を検知できるようになりました。Enterキーが押されたタイミングで「Pressed」、離されたタイミングで「Released」ピンにつないだ処理が実行されます。

　同様の手順で、**ゲームパッドのAボタン入力を検知するノード**を追加しましょう。ノード一覧から「Aボタン」と検索して、「Gamepad Face Button Bottom」ノードを追加します。

図1-26：
「Gamepad Face Button Bottom」がAボタンに対応する。ちなみに、Face ButtonのRightがBボタン、TopがYボタン、LeftがXボタンに対応している

図1-27：
「Enter」ノードと同じように、「Gamepad Face Button Bottom」ノードが現れる

　これで、リスタート処理を実行するための入力を検知できるようになりました。

POINT

検知する入力を変更する

今回は入力に Enter キーを使用していますが、違うキーを使いたい場合もあるはずです。その際は、入力を検出するノードをクリックして、詳細パネルの「Input Key」から設定を変更できます。

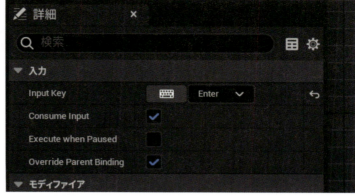

ノードを選択すると、詳細パネルに「Input Key」の項目が現れる。グラフタブにおける詳細パネルの位置は、デフォルトでは画面左下になっている

Input Keyの ⌨ をクリックすると、次に入力したキーを新たな検出対象として選択できます。試しに、⌨ をクリックした後にスペースキーを押してみましょう。検出対象がスペースキーに変更され、ノード名も「Space Bar」になるはずです。

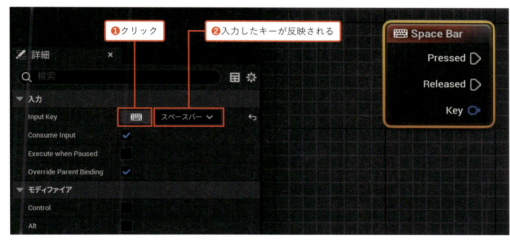

❶クリック　❷入力したキーが反映される

使いたいキーがノード一覧から見つからないときに便利なので覚えておこう

● リスタート処理を追加する

先ほど追加した入力を受け取るノードによって実行される、<u>ステージのリスタート処理</u>を作ります。

ステージのリスタートにはいくつか実装方法がありますが、今回は<u>レベル自体を初期化する</u>ことでリスタートを実現します。文字列のコマンドを受け取り、<u>コマンドに対応したUE5の処理を実行する</u>「Execute Console Command」ノードを追加しましょう。

図1-28：ノードの「Command」ピンに実行したいコマンドを入力する

ノードの「Command」には、**レベルを初期化するコマンドである「RestartLevel」**を入力します。

図1-29：Commandピンの右にある空欄をクリックし、直接「RestartLevel」と入力しよう。「RestartLevel」コマンドを実行すると、レベルが再度開かれ、すべての状態が初期化される

追加した「Execute Console Command」の実行ピンを、下図の通り、「Enter」ノードと「Gamepad Face Button Bottom」ノードの「Pressed」ピンに接続します。

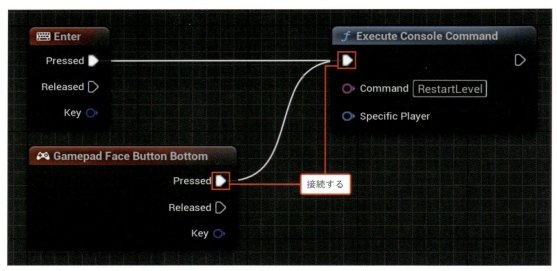

図1-30：リスタート処理の完成図。「Execute Console Command」の左側に複数のワイヤーがつながれていても問題ない。「Enter」「Gamepad Face Button Bottom」それぞれで同じ「Execute Console Command」が実行される

これで、特定の入力によってステージをリスタートする処理ができました。

さっそくプレイして動作を確認しましょう。ゴールしてUIが表示された後、Enterキーかゲームパッドの A ボタンを押したら、ゲーム開始時の位置からリスタートされるはずです。

図1-31：「ゴール！！」と表示されているときにEnterキーかAボタンを押してみよう。なお、ゴールのUIが表示されるまではEnterキーもAボタンも検知されない

● リスタートを促すテキストを追加する

リスタート処理は実装できましたが、このままではリスタートできることをプレイヤーが認識できません。そこで、ゴールのUIに「EnterキーかAボタンでリスタートできるよ」と知らせるテキストを追加しましょう。

WBP_Goalの編集画面を開き、右上にある「デザイナー」で、デザイナータブに移動します。

図1-32：UIに新たな要素を追加したいため、デザイナータブに移動する

「ゴール！！」のテキストと同様の手順で、新たなテキストを配置します。パレットウィンドウから、「一般」→「テキスト」をキャンバスパネルの中にドラッグ＆ドロップして配置しましょう。テキストの名前は「Text_Restart」とします。

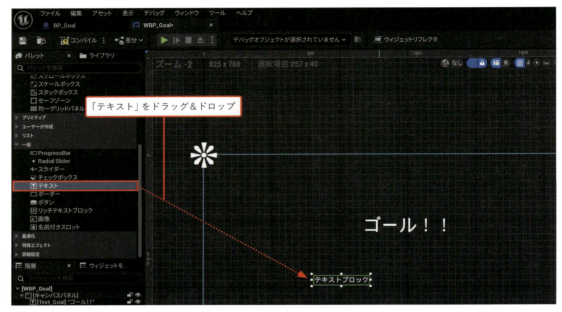

図1-33：「ゴール！！」のテキストと同じように、テキストを追加しよう

表示されるテキストの内容は、「Enter キー or Aボタンでリスタート」としましょう。

図1-34：Text_Restartを選択し、画面右側の詳細パネルにある「コンテンツ」→「Text」を、「Text Block」から書き換えよう

続いて、テキストの位置を調整していきます。Text_Restartを選択した状態で、詳細パネルから、設定を以下の通りに変更します。

- アンカー：■
- 位置X：0.0
- 位置Y：0.0
- Allingment X：0.5
- Allingment Y：0.5
- Size To Content：チェックあり

UIを作って遊びやすくしよう

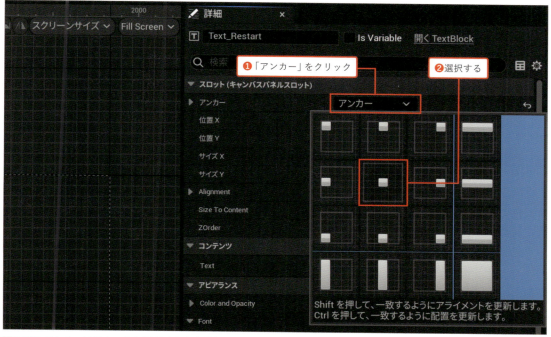

図1-35：アンカーはテキストと同じく中央を選択する

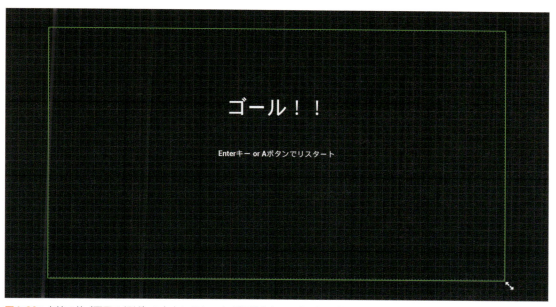

図1-36：点線の枠（画面の領域）の中央にテキストが配置されていればOKだ

　シンプルなテキストだけのレイアウトですが、UIに追加した説明により、プレイヤーにリスタートできることが伝わるようになりました。

せっかく実装した機能をプレイヤーにしっかり使ってもらうために、情報を伝える手段のひとつとして効果的にUIを活用していきましょう。

図1-37：「ゴール！！」表示に加えて、リスタートに関する情報も追記できた。これでUIは完成だ

 POINT

入力の検出方法を改善する

今回はEnterノードなどを使用し、キーボードやゲームパッドの入力を直接受け取る形でプレイヤーの入力を検出しました。今回紹介した方法はシンプルに扱える一方で、「多くの入力を受け取るとノード数が膨れ上がる」などのデメリットもあります。

より柔軟に入力を制御する方法として、UE5には「Enhanced Input」と呼ばれる仕組みが用意されています。

Enhanced Inputには、「キーボードやゲームパッドなどの複数の入力を同じイベントとして扱う」「入力を検出するかどうかを、好きなタイミングで切り替える」などの機能があります。

プロトタイプですぐに機能を実装したい場合は、今回と同じ「入力を直接取る方法」、製品版でしっかり機能を作りこみたい場合は「Enhanced Input」といった具合に使い分けるのがよいでしょう。

本書ではEnhanced Inputについて詳しく説明しませんが、興味のある方は公式ドキュメントなどで調べてみることをおすすめします。

「Enhanced Input」アンリアルエンジン公式ドキュメント
https://dev.epicgames.com/documentation/ja-jp/unreal-engine/enhanced-input-in-unreal-engine

CHALLENGE 2 チェックポイントを作ろう

アクションゲームは、ステージが進むに従ってやり直しが大変になるため、途中にチェックポイントを設けることが多いです（ステージの山場を越えた後のチェックポイントほど落ち着くものはありません！）。

現状の『トゲトゲ△コロンワールド』では、プレイヤーキャラクターがトゲに触れるとステージの開始地点（PlayerStart）からリスタートになります。今回は「**特定のエリアに到達したらリスタート地点が更新されるチェックポイント**」を実装して、より快適にプレイができるような環境を整えていきます。

チェックポイントの仕組み

UE5には、ゲームのルールや仕組みを幅広く定義する「GameMode」と呼ばれるアクタが存在します。プレイヤーをリスタートさせる仕組みも、この「GameMode」が担っています。

新たな「GameMode」を作り、常に「PlayerStart」からリスタートするのではなく、「登録されているリスタート地点」からリスタートする仕組みを実装します。

加えて、チェックポイントとなるアクタを新たに作成します。プレイヤーがチェックポイントを通過したとき、このアクタが「GameMode」に登録されているリスタート地点を書き換えることで、リスタート地点を更新します。

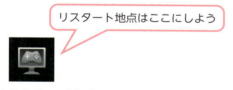

図2-1：「リスタート地点を決める処理を行うGameMode」と、「そのGameModeが持っているリスタート地点を更新するアクタ」を作成する

リスタートの処理を置き換える

それでは、**独自のリスタート処理を持つGameModeアクタ**を実装しましょう。コンテンツドロワーから、「コンテンツ」→「MyFirstGame」→「Blueprints」に**新たなブループリントを作成**します。「親クラスを選択」ウィンドウで、今までは「アクタ」を選択していましたが、今回は「ゲームモードベース」を選択します。

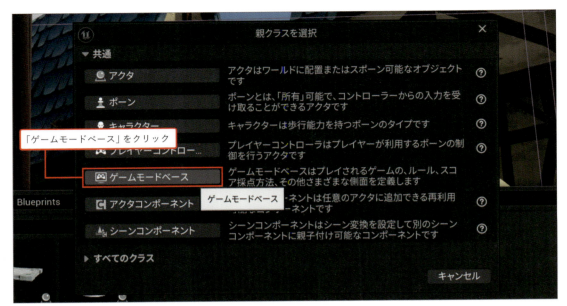

図2-2:「GameMode」のひとつ「ゲームモードベース」の役割を引き継いだブループリントにする

新しく作った「GameMode」の名前は「BP_MyGameMode」としておきます。

図2-3:
名前を間違えた場合は、選択して
F2 キーで修正できる

この「BP_MyGameMode」に、もとの「GameMode」(ゲームモードベース)にはない独自のリスタート処理を実装していきます。

KEYWORD
ゲームモードベース

「GameMode」は、リスタート処理だけでなく、**ゲーム全体のルールを決め、それを管理する役割を持っています**。プレイヤーキャラクターにどのブループリントを使うかも「GameMode」が決定しています。
同じレベルであっても、「TPSのGameMode」を使えばTPS、「レースゲームのGameMode」を使えばレースゲームとして遊ぶことができます。このように、ゲームの仕組み自体を定義づけているのが「GameMode」です。
「ゲームモードベース」はその名の通り「GameMode」のベースとして、最小限の機能を備えています。ゲームモードベースをもとに「GameMode」を作成し、特定の処理を書き換える(上書きする)ことで、今回のように「他の要素はゲームモードベースに則るけど、リスタート地点だけは独自の仕組みに従ってね」とする「GameMode」を作れます。

●「リスタート地点を示す変数」を定義する

まずは、「BP_MyGameMode」に**リスタート地点を示す変数**を追加しましょう。「BP_MyGameMode」の編集画面を開き、左側にある変数の「＋」ボタンを押して新しい変数を追加します。

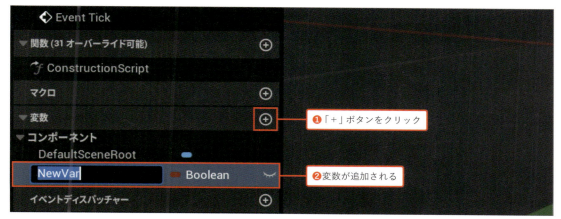

図2-4：ボタンを押すと「NewVar」という名前の変数が追加される

追加した変数名を「StartingPoint」に変更します。そして、変数の型（種類）を変更するために「Boolean」と書かれた場所をクリックしましょう。型の一覧が表示されるため、検索窓に「アクタ」と入力して「アクタ」を探します。アクタにマウスカーソルを合わせ、「オブジェクト参照」を選びましょう。

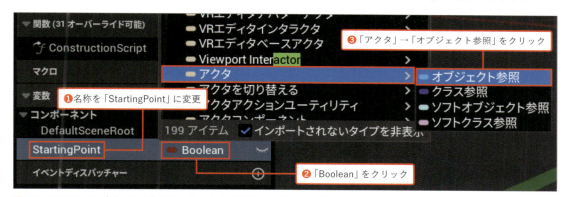

図2-5：アクタのオブジェクト参照は、レベル上のアクタをひとつ格納する型だ。これにより、レベル上のどれかひとつのアクタを、リスタート地点として指し示せる

この「StartingPoint」に入っている**アクタの位置**を「プレイヤーのリスタート地点」として扱います。

図2-6：レベル上にあるアクタのうち、ひとつが「リスタート地点」として「StartingPoint」に格納される

●スタート処理を上書きする

　「BP_MyGameMode」は、もとの「GameMode」と同じスタート処理を最初から持っています。ゲームの開始時に加え、トゲに触れた後のリスタートにも同じスタート処理が使われるため、これを上書きする形でリスタート処理を実装するのが効率的です。

　ブループリント編集画面左側の「関数」と書かれたラベルにマウスを持っていきましょう。「オーバーライド」と書かれたボタンが現れます。

図2-7：画面左下の「関数」部分にマウスを持っていこう

　オーバーライドは直訳で「上書き」という意味です（本書ではプログラム的な説明は割愛します）。ここで上書きしたいのは「スタート位置を"選択"する」処理である、「Find Player Start」です。「オーバーライド」をクリックし、「Find Player Start」を選択すると、処理の中身を実装するグラフエディタに移動します。

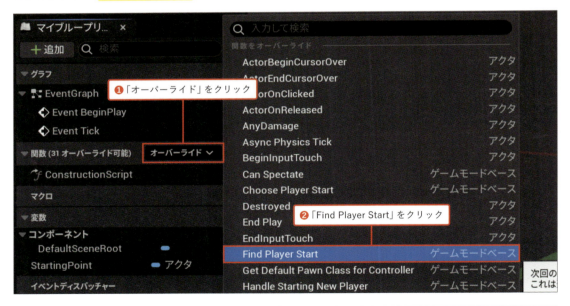

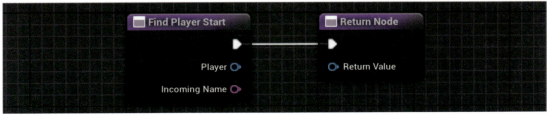

図2-8：スタート位置を選択するFind Player Startを上書きするよう選択すると、ビューポートやイベントグラフが並ぶタブに「Find Player Start」タブが出現する。「Find Player Start」を上書きする処理は、「Find Player Start」タブをクリックすると移動できるグラフエディタで実装する

ゲーム開始やトゲでのリスタートによって「Find Player Start」が実行されたとき、「Return Node」の「Return Value」ピンに入力されたアクタの位置がスタート（リスタート）位置として扱われます。

つまり、リスタート時に変数「StartingPoint」を「Return Value」に入力すれば、「StartingPoint」に登録されたアクタをスタート地点に指定できます。

● StartingPoint を取得する

「StartingPoint」を取り出すノードを追加しましょう。画面左側の「変数」にある「StartingPoint」をグラフエディタにドラッグ＆ドロップし、「Get StartingPoint」を選択して「StartingPoint」ノードを配置します。

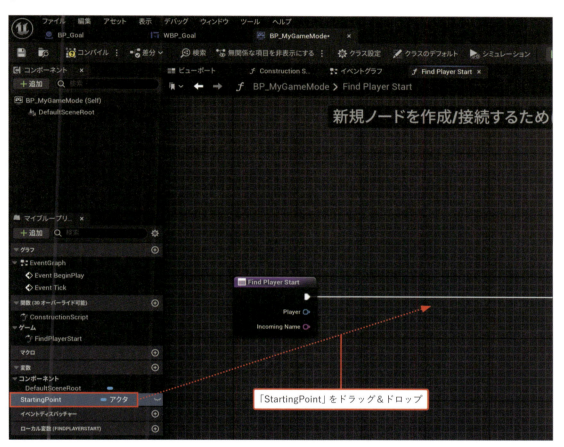

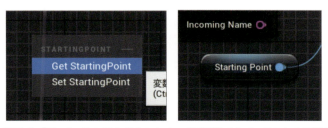

図2-9：「StartingPoint」と書かれたノードが配置できていることを確認しよう

配置された「StartingPoint」ノードから、リスタート地点として登録されているアクタを取り出せるようになりました。

● **StartingPointが登録されている場合の処理を実装する**

　実際のゲームでは、スタート後、チェックポイントを通過する前にリスタートしてしまうこともあるはずです。こういった場合や、ゲームの開始時には「StartingPoint」にアクタが登録されていない状態で「Find Player Start」が実行されることになります。

　そこで、「取り出したStartingPointにアクタが登録されていれば、それをリスタート地点として使用し、そうでなければもともとのGameModeに実装されていた"PlayerStartからスタートする処理"を使用する」という仕組みにしていきます。

図2-10：チェックポイントを通過した場合と、そうでない場合で処理を分ける

　「StartingPoint」にアクタが登録されているかどうかを確認するために、下図の通り「Is Valid」ノードを追加し、「Find Player Start」ノードに接続しましょう。「Is Valid」は、変数の値が有効かどうかをチェックするときに使うノードで、ここではアクタが登録されているかどうかをチェックするために使います。

図2-11：「？」と書かれた方の「Is Valid」を選択しよう

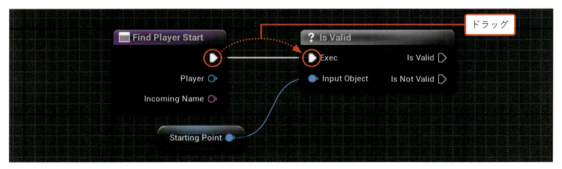

図2-12：ノードの実行ピンが2つに分かれていれば正しい方を選択できている。「Find Player Start」の実行ピンを、配置した「Is Valid」ノードの「Exec」ピンに接続しよう

「StartingPoint」にアクタが登録されていれば「Is Valid」ピンに、そうでなければ「Is Not Valid」ピンに処理が流れます。

「Is Valid」ピン、つまり「StartingPoint」にアクタが登録されている場合の処理では、取得した「StartingPoint」をそのまま使います。処理の結果となるノード「Return Node」の実行ピンを「Is Valid」ピンにつなげ、「Return Value」ピンには「StartingPoint」を接続します。

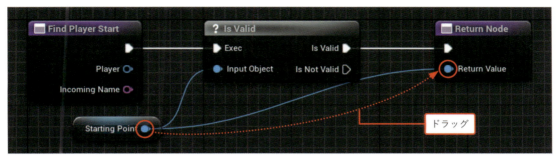

図2-13：「Is Valid」ノードにつなげている「StartingPoint」を「Return Value」ピンにも接続する

● StartingPointが登録されていない場合の処理を実装する

「StartingPoint」にアクタが登録されていない場合は、「Is Not Valid」ピンに処理が流れます。「Is Not Valid」以降の処理には、**もともとの処理**（「BP_MyGameMode」のもととなる「ゲームモードベース」に実装されている「Find Player Start」。つまり、レベルに配置した「PlayerStart」からスタートする処理）を流用します。

もともとの処理を使用するには、処理における**最初のノード**（今回はFind Player Startノード）を右クリックすると現れるメニューから、**「親関数への呼び出しを追加」**を選択します。

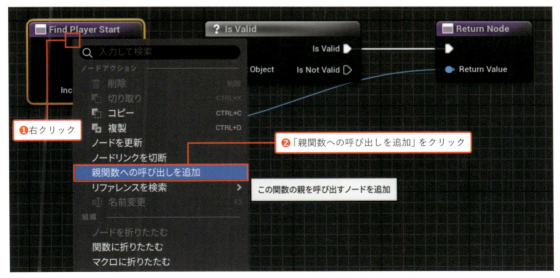

図2-14：「親関数への呼び出しを追加」を選択すると、もともとの処理を実行するノードが出現する

すると、「Parent: Find Player Start」と書かれたノードが出現します。これが、もともと設定されていた処理をそのまま実行するノードです。このノードの実行ピンを「Is Not Valid」ピンにつなげましょう。

図2-15:「Parent: Find Player Start」を追加する

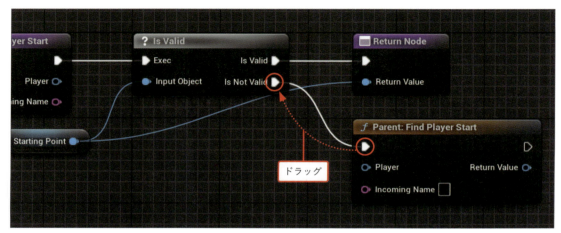

図2-16:「StartingPoint」にアクタが登録されていなかった場合に実行される処理を、「Is Not Valid」ピン以降に接続する

　もともとのスタート処理が正しく実行されるよう、Find Player Startノードの「Player」「Incoming Name」ピンを「Parent: Find Player Start」にある同名のピンにつなぎましょう。Parent: Find Player Startに、もともと使われていたデータを受け渡すことができます。

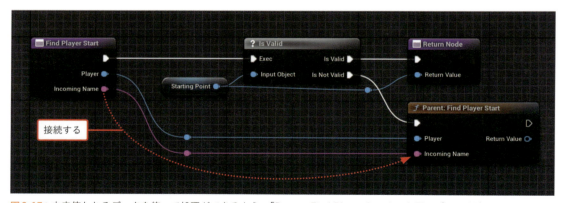

図2-17:本来使われるデータを使って処理ができるよう、「Parent: Find Player Start」にも同じデータを渡すようにする

　最後に、「Parent: Find Player Start」の結果を「Return Node」に渡しましょう。「Return Node」を右クリックしてメニューから「複製」を選択し、ノードを複製します。これで、「Is Not Valid」側の処理にも「Return Node」を使うことができます。

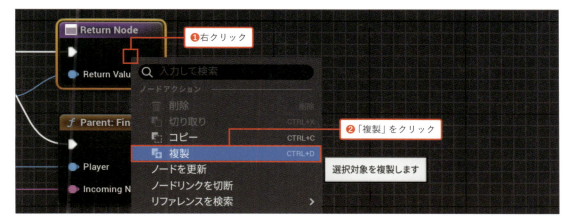

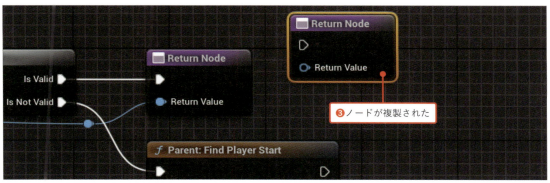

図2-18：2つの「Return Node」を使うことで、「Is Valid」と「Is Not Valid」で別々の結果を返せる。なお、ノードを選択して Ctrl + D キーでも複製できる

「Parent: Find Player Start」と「Return Node」の実行ピン、そして「Return Value」ピンをつなげましょう。

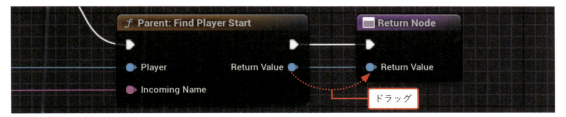

図2-19：「StartingPoint」が登録されていない場合はもともとのスタート処理で指定されるアクタ（Parent: Find Player StartのReturn Value）がスタート地点として使われるようになった

これで、スタート処理の置き換えが完了しました。

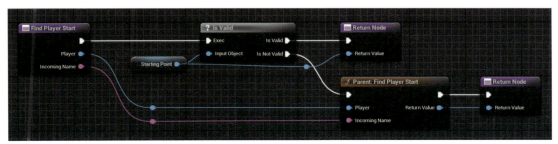

図2-20：オーバーライドした「Find Player Start」の完成図

● プレイヤーキャラクターを遊日コロンに設定する

「BP_MyGameMode」では、プレイヤーキャラクターとして使われるアクタが遊日コロンではなく、UE5デフォルトのものに設定されています。そこで、「BP_MyGameMode」の編集画面上部の「クラスのデフォルト」をクリックして、詳細パネルの「デフォルトのポーンクラス」を、遊日コロンのアクタである「BP_ThirdPersonCharacter」に指定しておきましょう。

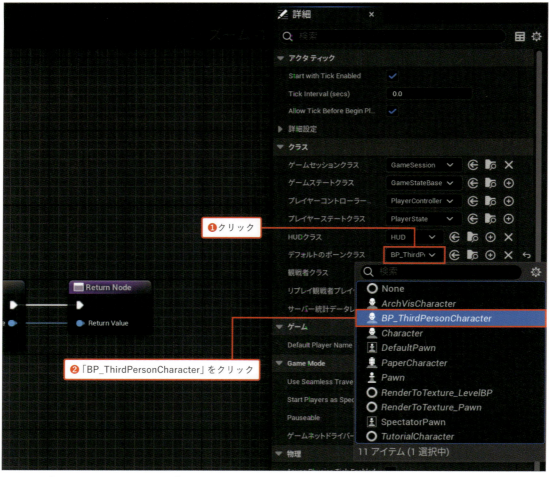

図2-21：デフォルトのポーンクラスに「BP_ThirdPersonCharacter」を指定する

これで、「BP_MyGameMode」の実装は完了です！コンパイルと保存を行いましょう。

●「リスタート地点を指定する」アクタを作成する

続いて、**チェックポイントとなるアクタ**を作ります。コンテンツドロワー上で、「コンテンツ」→「MyFirstGame」→「Blueprints」フォルダに新たなアクタを作成し、「BP_Checkpoint」と名付けましょう。

図2-22：
「親クラスを選択」ウィンドウでは、「ゲームモードベース」ではなく「アクタ」を選択する。ほかのアクタと同様、チェックポイントのアクタにも名前をつけよう

「BP_Checkpoint」に「当たり判定」を持たせれば、プレイヤーがチェックポイントに到達したことを検知できます。

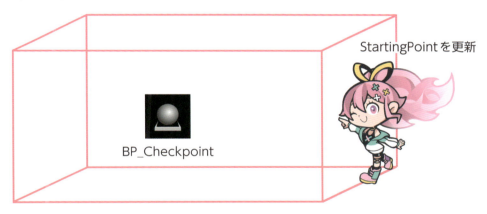

図2-23：プレイヤーがチェックポイントに触れた時を通過したときに「StartingPoint」を更新する。通過を検知するため、「BP_Checkpoint」に当たり判定を持たせておく

先ほど実装したように、「BP_MyGameMode」の**変数「StartingPoint」**が、リスタート地点を示しています。以上を踏まえて、「BP_Checkpoint」に「**プレイヤーが当たり判定に触れたら、BP_MyGameModeのStartingPointを書き換える**」処理を実装しましょう。

● チェックポイントに当たり判定を追加する

「チェックポイントに到達した」ことを知るために、「BP_Checkpoint」に当たり判定を追加します。まず、コンテンツドロワーから「BP_Checkpoint」をダブルクリックして編集画面を開きましょう。STEP7（P.65）で作成したトゲと同じ手順で、編集画面左上の「コンポーネント」にある「+追加」ボタンをクリックし、直方体の当たり判定「Box Collision」を選択して追加します。

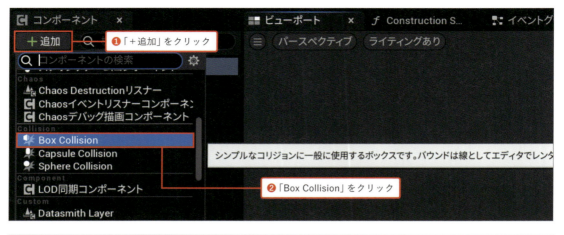

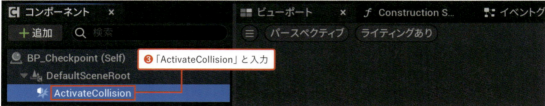

図2-24：当たり判定の名前も変更しておくと分かりやすい。ここでは「ActivateCollision」とした

● StartingPointを更新する処理を追加する

　当たり判定に触れたときに、BP_MyGameModeのStartingPointを更新する処理を実装します。「ActivateCollision」を選択したうえで、画面右側の詳細パネルから「イベント」→「On Component Begin Overlap」に対応した「+」ボタンをクリックします。イベントグラフに、当たり判定に触れたときに処理がスタートする「On Component Begin Overlap(ActivateCollision)」ノードが出現します。

図2-25：
これで、プレイヤーがチェックポイントに到達したことを検知できるようになった

処理の最初は、トゲやゴールにも使っている、触れたものがプレイヤーキャラクターかどうかをチェックする処理です。同様の処理を「On Component Begin Overlap(ActivateCollision)」に続けましょう。

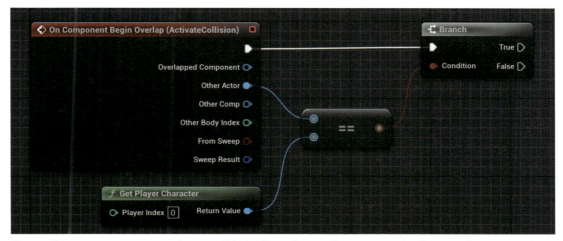

図2-26：「Get Player Character」でプレイヤー情報を取得し、「Equal」「Branch」ノードを使って、画像のような判定の処理を組み立てよう。触れたものがプレイヤーキャラクターだった場合に「True」側につないだ処理へ進む

「Branch」の「True」に続く処理は、「BP_MyGameMode」の「StartingPoint」を更新する処理となります。使用されている「GameMode」を取得するノード「Get Game Mode」をイベントグラフに追加しましょう。

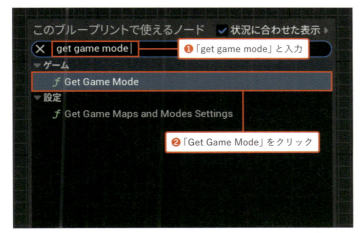

図2-27：チェックポイントが設置されているレベルで使われている「GameMode」が取得できる

「Get Game Mode」の「Return Value」ピンから「GameMode」の中身へアクセスできます。しかし、レベルによっては「GameMode」が「BP_MyGameMode」でない場合もあります。つまり、「Return Value」ピンから取得できるアクタが「GameMode」なのは分かっても、「BP_MyGameMode」なのかどうかは分かりません。したがって、もともとの「GameMode」には存在しない変数である「StartingPoint」にアクセスすることもできません。

そこで使用するのが「Cast」ノードです。取得した「GameMode」を「BP_MyGameMode」として扱い、内部の「StartingPoint」にアクセスできるようになります。

「Get Game Mode」からワイヤーを伸ばし、「Cast To BP_MyGameMode」ノードを追加します。実行ピンは、「Branch」の「True」につなげておきましょう。

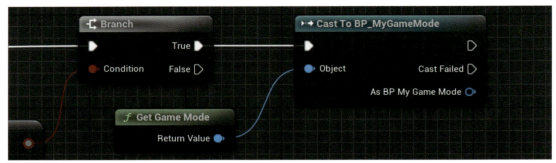

図2-28:「Get Game Mode」から取得した「GameMode」が「BP_MyGameMode」であれば、上側の実行ピンに処理がつながる。「BP_MyGameMode」でない場合は、実行ピンのうち、「Cast Failed」の処理が実行される

「Get Game Mode」で取得した「GameMode」が「BP_MyGameMode」だった場合は「As My Game Mode」ピンから「StartingPoint」にアクセスできます。

「StartingPoint」を変更するために、「As My Game Mode」ピンからワイヤーを伸ばして「Set Starting Point」ノードを配置しましょう。実行ピンは、「Cast To BP_MyGameMode」の上側の実行ピンと接続します。

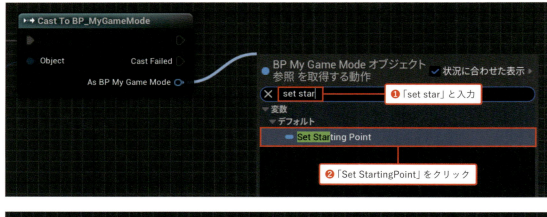

図2-29:「Set Starting Point」は「StartingPoint」に登録されているアクタを書き換えるノードだ。新たなリスタート地点となるアクタを「Starting Point」ピンへ接続する

「StartingPoint」を更新するにあたって、どのアクタをリスタート地点として使えばよいかを選択します。新たにリスタート地点用のアクタを作ってもよいですが、今回はシンプルに「BP_Checkpoint」自体をリスタート地点として使いましょう。

図2-30：チェックポイントとリスタート地点が大きく離れる場合や、チェックポイントの通過以外でもリスタート地点を更新したい場合は、リスタート用のアクタを専用に作成する場合もある。今回は実装をシンプルにするために、「BP_Checkpoint」をチェックポイントだけでなくリスタート地点としても利用していく

イベントグラフに「自分自身」を示すノードを配置しましょう。画面の何もないところを右クリックして表示されるノード一覧で「self」と検索し、「Get a reference to self」を選択します。

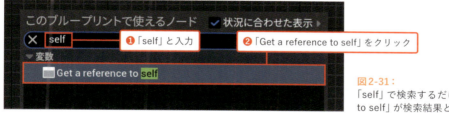

図2-31：
「self」で検索するだけで「Get a reference to self」が検索結果として表示される

自分自身を示す「Self」ノードが配置されました。「Set Starting Point」ノードの「Starting Point」ピンに「Self」を接続すれば、「BP_MyGameMode」の「StartingPoint」に自身を登録する仕組みの完成です。

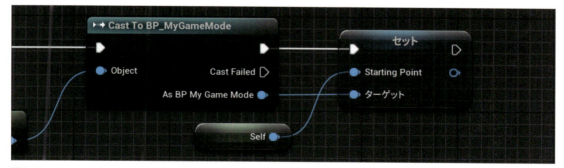

図2-32：チェックポイントを通過したときに「BP_MyGameMode」の「StartingPoint」に登録されたアクタが自身に書き換わるようになった

以上で、チェックポイントを更新する処理は完成です！「BP_Checkpoint」をコンパイルして保存しておきましょう。

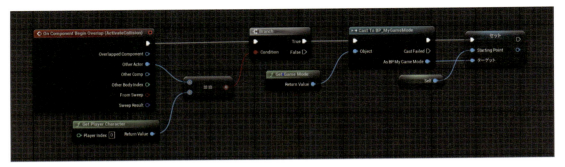

図2-33:「BP_Checkpoint」の完成図

ゲーム中に使用するGameModeを置き換える

最後に、「MyLevel」で使用する「GameMode」を、今回作成した「BP_MyGameMode」に置き換えていきます。

レベルの設定は「ワールドセッティング」で行います。レベルのビューポート画面に戻り、画面左上の「ウィンドウ」→「ワールドセッティング」を選択しましょう。

図2-34:レベルの設定を行うワールドセッティング上で、使用する「GameMode」を切り替えられる

図2-35：画面右下の詳細パネルと同じ場所にワールドセッティングパネルが表示される

　表示された「ワールドセッティング」パネルの「GameMode」→「ゲームモードオーバーライド」を、「BP_MyGameMode」に変更しましょう。

図2-36：ゲームモードオーバーライドに設定した「GameMode」を変更したことで、「MyLevel」では「BP_MyGameMode」が「GameMode」として使用されるようになった

　これで、このレベルの「GameMode」に「BP_MyGameMode」が使われるようになりました。画面右側の「詳細」をクリックして、詳細パネルが表示されている状態に戻しておきましょう。

KEYWORD
ワールドセッティング

「ワールドセッティング」は、**レベル全体の設定**です。ワールドセッティングでは、「GameMode」のほかにも、物理演算に使用する重力の値、オープンワールド用の機能を使用するかどうかなどをレベルごとに設定できます。

チェックポイントを配置する

リスタートの処理は完成しましたが、「BP_Checkpoint」がレベル上に存在しなければリスタート地点は更新されないままです。ビューポート画面から、リスタート地点にしたい場所に「BP_Checkpoint」を配置しましょう。「BP_Checkpoint」の位置が、そのままリスタート位置になります。

地面と同じ高さに配置すると「地面に埋まってリスポーンできない！」と判定されてしまうため、地面から少し高い位置へ置くようにしましょう。

図2-37：今回は、動く床エリアと動くトゲエリアの中間に配置した。設置したBP_Checkpointの「回転」もリスタート時の向きに影響するため調整しよう。本書の通りにステージを制作している場合は、回転のZを90.0°にするとゴールを向いてリスタートできる

その後、チェックポイントを更新する当たり判定の位置とサイズを調整します。配置したBP_Checkpointを選択すると、詳細パネルからBP_Checkpointを構成する要素を個別に選択できるようになります。プレイヤーを検知する当たり判定である「ActivateCollision」をクリックして選択しましょう。「ActivateCollision」を選択している状態では、アクタの位置は変えずに、「ActivateCollision」の位置やサイズを変えられます。

図2-38：「ActivateCollision」が青くなっていればうまく選択できている

通過したプレイヤーが必ず触れるように、チェックポイントの当たり判定は大きめに設定しておきましょう。「ActivateCollision」の「位置」や、「形状」→「Box Extent」を変更して、ステージに合わせて当たり判定を調整します。

図2-39：道を通過するプレイヤーが全員しっかりと触れるように、当たり判定を大きめに配置した。山場を越えた後のチェックポイントは、ユーザーにも喜んでもらえるはずだ

配置した「BP_Checkpoint」の設定が完了しました。プレイして動作を確認してみましょう。チェックポイントを通過した後にトゲに触れると、更新されたチェックポイントからリスタートできるはずです。

図2-40：配置したチェックポイントを通過した後、わざとトゲに当たってみよう。チェックポイントからリスタートができれば、ここでの設定は成功している

　この調子で、好きな位置にチェックポイントを設置していきます。チェックポイントは、「動く床エリアと動くトゲエリアの中間」のように、ひとつのアクションを終えた後の安全地帯に配置するのがおすすめです。

CHALLENGE 3 シーケンサーでゴール演出を作ろう

CHALLENGE3では、プレイヤーがゴールに到達した瞬間に流れる「カットシーン」を制作します。カットシーンとは、オープニングやエンディング、イベントシーンなどで流れるムービーのこと。ムービーシーンと呼ぶこともありますが、ゲーム業界ではカットシーンやシネマティクスといった呼び方が一般的です。

今回は、ゴール時の演出として、ゴールした遊日コロンをズームアップするカットシーンを作成しましょう。

カットシーンを保存するフォルダを作る

カットシーンは、実際の映像撮影と同じように、ゲームの空間をカメラで撮影する方法で制作されています。UE5でカットシーンを作る際は、時間軸に合わせてカメラやキャラクターなどを動かせる「シーケンサー」機能を使います。

シーケンサーで作成するカットシーンは「レベルシーケンス」と呼ばれ、アセットとして扱われます。レベルシーケンスアセットを保存するため、コンテンツドロワーから「コンテンツ」→「MyFirstGame」直下に「Sequencer」という名前で新しいフォルダを作成しておきましょう。

図3-1：シーケンサー用のフォルダを新しく用意する

フォルダを作成したら、ビューポート画面上部の をクリックし、「レベルシーケンスを追加」を選択します。

図3-2：「レベルシーケンスを追加」で新しいレベルシーケンスを作成できる

「レベルシーケンスを追加」を選択すると、レベルシーケンスの名前と保存場所を決めるウィンドウが出現します。先ほど作成した**「Sequencer」フォルダをクリック**し、保存場所として選択しましょう。名前を「LS_GoalSequencer」に変更して**「保存」**をクリックします。

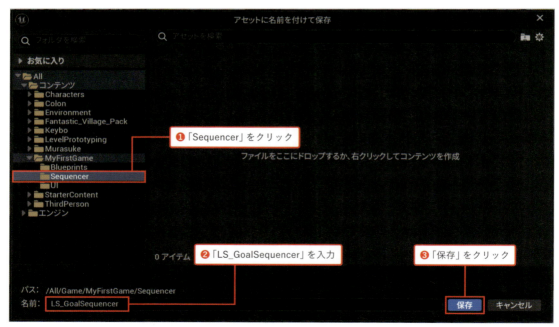

図3-3：先ほど作成した「Sequencer」フォルダを保存先に指定しよう

　レベルシーケンスアセットの作成と同時に、ビューポート画面下側に**「シーケンサーエディタ」**が現れました。また、このとき「LS_GoalSequencer」という名前の、レベルシーケンスを再生する役割を持つアクタ「レベルシーケンスアクタ」がレベル上に追加されます。

図3-4：正しく追加できていれば、画像のような編集画面が表示されている

👉POINT

中断したレベルシーケンスの編集作業を再開する

コンテンツドロワーで編集したいレベルシーケンスアセットをダブルクリックすると、シーケンサーエディタが表示され、再度レベルシーケンスを編集できるようになります。
本CHALLENGEの途中で作業を中断した際は、「コンテンツ」→「MyFirstGame」→「Sequencer」から「LS_GoalSequencer」をダブルクリックして再開しましょう。

シーケンサーエディタの見方

シーケンサーエディタは、「ツールバー」「アウトライナー」「タイムライン」「再生コントロール」の4つの領域に分かれています。動画編集ソフトを触ったことがある方は、見慣れたレイアウトと感じるかもしれません。

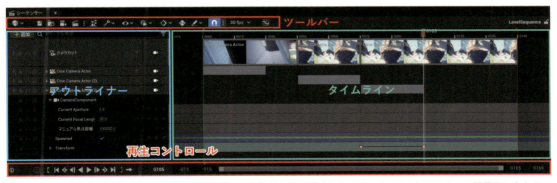

図3-5：シーケンサーエディタは一般的な動画編集ソフトに似た画面構成となっている。アウトライナーに配置されたトラックをタイムラインに沿って再生することで映像を作っていく

● アウトライナー

シーケンサーにおいては、カメラやキャラクターのデータの時間的な変化や、サウンドの再生タイミングなどをそれぞれ「トラック」として扱います。例えば、アクタの移動（「位置」の変化）はひとつのトラックで管理します。アウトライナーは、レベルシーケンス内のトラックを追加・管理する領域です。

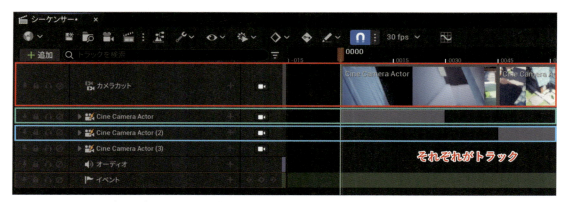

図3-6：カメラやオーディオごとにトラックが作られる。トラックは階層構造になっており、カメラの「位置」や「焦点距離」などの設定は、それぞれ別のトラックで管理する

● タイムライン

　タイムラインは、**再生位置の調整**や「**キーフレーム**」**の制御**を行う領域です。シーケンサーにおけるキーフレームも、タイムラインノードのキーフレームと同様に特定の時間における値を指定する点を指します。キーフレーム間の値は補間されるため、複数の時間におけるアクタの位置や向きをキーフレームとして指定すれば、時間経過とともに変わる位置や向きを表現できます。

図3-7：赤い点がキーフレーム。この画像では、時間「0000」から時間「0030」までの位置と回転、スケーリングの変化を指定している

　タイムラインでは、縦に描かれた緑のラインがシーケンサーの再生開始位置、赤のラインが再生終了位置、白のラインが現在の再生位置を示しています。

> **POINT**
> ### タイムラインの時間単位「フレーム」
> タイムライン上部に書かれた「0030」といった数字が表している時間は「秒数」ではなく「フレーム」という単位です。ゲームでは、1秒間を「FPS (frames per second)」で示す個数のフレームに分割します。30FPSであれば、1秒間に30枚の絵をパラパラとめくっているようなイメージです。
> タイムラインにおけるデフォルトのFPSは、「30fps（30フレームで1秒）」に設定されています。
>
>
>
> 30fpsでの「0030」は、開始からちょうど1秒後

シーケンサーを使ってカメラを動かす

シーケンサーを使ってカメラを動かしながら、使い方を学んでいきましょう。まずは、レベルにカメラを配置し、シーケンサーにもカメラに対応するトラックを追加します。

シーケンサーエディタ上部の■をクリックしましょう。カメラ機能を持つアクター「Cine Camera Actor」がレベルに配置されると同時に、シーケンサーエディタに「Cine Camera Actor」のトラックが追加されます。

図3-8：アウトライナーに、「Cine Camera Actor」「カメラカット」と書かれたトラックがそれぞれ追加される。「LS_GoalSequencer」の再生中には、カメラカットトラックの視界が画面に映る。現状、カメラカットトラックには、「Cine Camera Actor」の視界が反映されている

「Cine Camera Actor」の位置が動き、視界がズームアップするレベルシーケンスを作ってみましょう。開始時の「Cine Camera Actor」の位置を指定します。タイムライン上にある、現在の再生位置を示す再生ヘッドをドラッグして「0000」に合わせます。

なお、カメラのトラックを追加したタイミングで、ビューポートが「Cine Camera Actor」の視界と連動するよう自動的に設定されています。ビューポートの視点を動かし、ゴール地点を写すように調整しましょう。

図3-9：ビューポートに映っている視界がそのままレベルシーケンスに反映される

ちょうどいい構図になったら、アクタのトランスフォーム（「位置」「回転」「拡大・縮小」を統合したデータ）に対応するトラック「Transform」の右にある◆を**クリック**し、キーフレームを追加しましょう。「Transform」トラックの時間「0000」にオレンジ色の点が現れれば、正しくキーフレームが追加できています。

図3-10：◆をクリックすると、再生ヘッドが指定している時間にキーフレームが追加される

　次に、再生ヘッドを「0060」（開始から2秒後）に合わせます。その後、ビューポートの視点をズームアップし、より近くからゴールを写すようにCine Camera Actorを移動させます。

図3-11：視点の向きは動かさずに、ビューポート上でマウスホイールを回してズームアップするとやりやすい

ズームアップできたら、「Transform」トラックの右にある◆をクリックして、時間「0060」にキーフレームを追加しましょう。

図3-12：同様の手順で、時間「0060」にキーフレームを追加する

キーフレームが打てたら、レベルシーケンスをプレビュー再生して狙った通りの演出になっているかを確認しましょう。

再生ヘッドの位置を「0000」に戻してから、**スペースキー**を押すか、再生コントロールの▶ボタンをクリックすることで、ビューポート上でレベルシーケンスが再生されます。なお、ビューポートとカメラの視点を連動させていない場合はカメラの動きを確認できないため、注意しましょう。

図3-13：再生コントロールにある◀◀をクリックすることでも再生開始位置に移動できる

図3-14：ビューポート上でレベルシーケンスが再生される。思った通りの動きになっているか確認しよう

POINT
Transformのトラックを分割する

Transformの左にある▶をクリックすると、Transformを構成する要素「位置」「回転」「スケーリング」それぞれのトラックに分割できます。これにより、回転は変化させずに位置のみを動かすなど、より複雑な演出を作成できます。

POINT
ビューポートとカメラの視点連動を切り替える

作業を中断した後、再度ビューポートと「Cine Camera Actor」の視点を連動させたい場合は、シーケンサーエディタの「Cine Camera Actorトラック」の右側にある をクリックしましょう。 の状態になっていれば、視点の連動が有効化されています。
再度クリックして に戻せば、視点の連動を終了できます。

ゲーム内でレベルシーケンスを再生する

ゴール演出ができたら、ゴールの役割を持つブループリント「BP_Goal」にレベルシーケンスを再生する仕組みを追加していきましょう。実際にゲーム内でレベルシーケンスを再生し、どのように見えるかを確かめていきます。

コンテンツドロワーから、「コンテンツ」→「MyFirstGame」→「Blueprints」フォルダにある「BP_Goal」をダブルクリックしてブループリント編集画面を開き、イベントグラフに移動します。

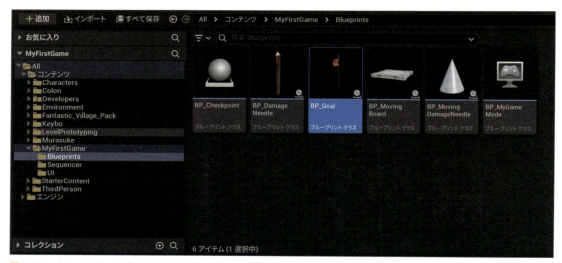

図3-15：ゴールのブループリントである「BP_Goal」に機能を追加する

BP_Goalには、「プレイヤーのゴールを検知してゴール演出を行う仕組み」がすでに実装されています。

3 シーケンサーでゴール演出を作ろう

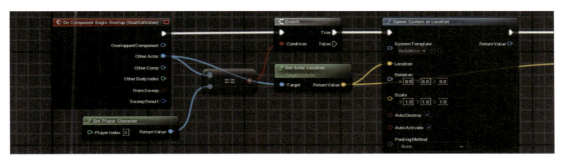

図3-16：「BP_GoalBP_Goal」にはSTEP10(P.132)でVFXとSEの再生、CHALLENGE1(P.142)でUIの表示を実装している。ここに、カットシーン再生を行う仕組みを追加する

レベルシーケンスを再生する仕組みを追加するには、「BP_Goal」に「再生してほしいレベルシーケンスはどれなのか」を教える必要があります。そのために、再生するレベルシーケンスを保持する変数を作りましょう。

編集画面左側の「**マイブループリント**」→「**変数**」にある⊕ボタンをクリックして、新たな変数を追加します。

図3-17：
「BP_Goal」が再生するレベルシーケンスがどれかを指定するためには、特定のレベルシーケンスを示す変数を追加する必要がある

変数の名前は「**GoalSequencer**」とします。

新しい変数を作成して名前を入力

図3-18：
変数名を初期値の「NewVar」から「GoalSequencer」に変更しよう

変数名の右にある「Boolean」をクリックして、変数の型（種類）を指定しましょう。この変数にはレベル上の「LS_GoalSequencer」に対応したレベルシーケンスアクタを指定します。今回は「レベルシーケンスアクタ」→「オブジェクト参照」を選びます。

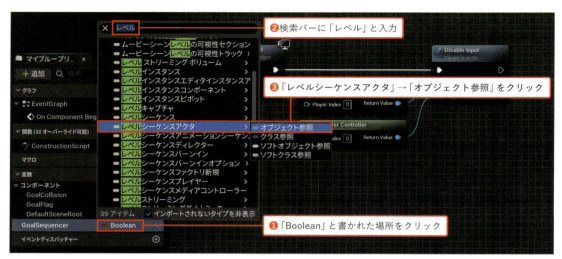

図3-19：「レベルシーケンスアクタ」は、レベルシーケンスを再生する機能を持つアクタだ

STEP7（P.51）の動くトゲにおける「DelayTime」と同様に、この変数もレベルに配置したアクタ上で編集できるようにしておきます。変数名の右側にある アイコンをクリックして アイコンに切り替えておきましょう。

図3-20：
レベルに配置されているレベルシーケンスアクタを指定するために、レベル上から変数を編集できるようにしておく

次に、レベルシーケンスを再生する処理を実装します。画面左側にある「マイブループリント」→「変数」の「GoalSequencer」をイベントグラフにドラッグ&ドロップして、「Get GoalSequencer」ノードを追加しましょう。

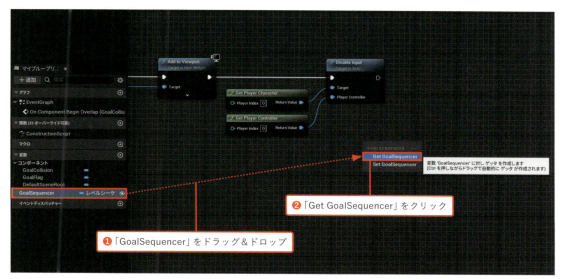

図3-21
画像のようなノードが出ていることを確認しよう

「Get GoalSequencer」ノードのピンからワイヤーを伸ばし、**レベルシーケンスを再生するノード**「Play(Sequence Player)」を配置します。

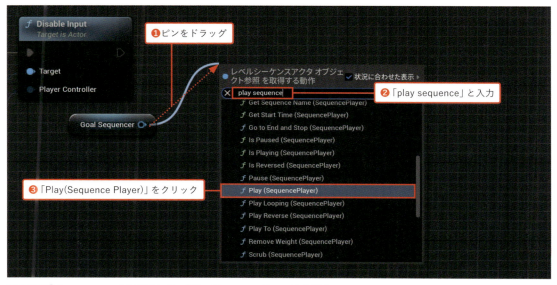

図3-22：「play sequence」と検索して、「Play(Sequence Player)」を探す

「OnComponentBeginOverlap (Goal Collision)」ノードに続く処理の最後に、「Play」ノードを接続しましょう。

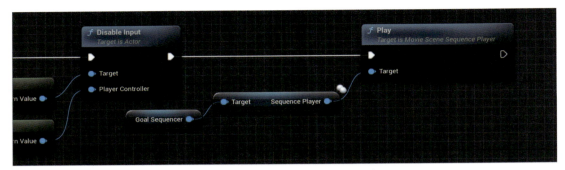

図3-23：CHALLENGE1が済んでいれば、「Disable Input」の後に「Play」をつなげよう

ここまでできたら、画面左上から「BP_Goal」をコンパイルして保存してください。これで、レベルシーケンスをプレイする仕組みが実装できました。

● 再生するレベルシーケンスを指定する

再生するレベルシーケンスを指定する変数「GoalSequencer」を用意したものの、まだ中身が入っていません。レベルに配置したBP_Goalに対して、ゴール用のレベルシーケンスがなにかを教えてあげましょう。

レベルのビューポート画面に戻り、レベルに配置した「BP_Goal」をクリックして選択します。

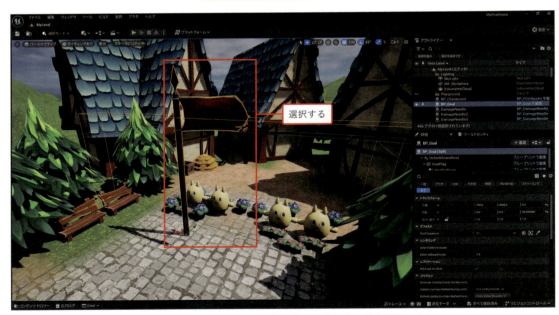

図3-24：ビューポートから選択するか、アウトライナーから検索して「BP_Goal」を選択しよう

「BP_Goal」を選択した状態で詳細パネルを見ると、「デフォルト」に「Goal Sequencer」という項目が確認できます。

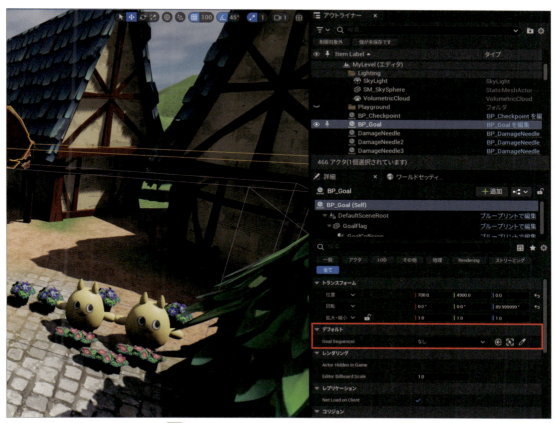

図3-25：項目が無い場合は、変数を👁に変えているか、コンパイルを行っているかを確認しよう

「Goal Sequencer」の右隣にある「なし」をクリックして、レベルに配置されている「LS_GoalSequencer」を選びます。

図3-26：
レベルシーケンスを新規作成した時に、レベル上に自動的に追加されたレベルシーケンス「LS_GoalSequencer」を選択しよう

これで、変数にゴール用レベルシーケンスを指定できました。続けて、レベルシーケンスの再生に関する設定も行いましょう。アウトライナーで検索し、レベル上のレベルシーケンスアクタ「LS_GoalSequencer」を選択します。詳細パネルの「再生」および「シネマティック」の設定を、以下の通りに設定します。

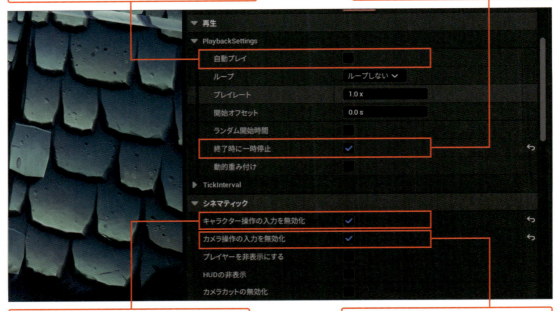

図3-27：画像と同じになるように設定を変更しよう

　設定が完了したら、ゲームをプレイして確かめてみましょう。ゴールしたとき、LS_GoalSequencerが再生されれば成功です！

図3-28：ゴールした瞬間にカメラが切り替わり、「LS_GoalSequencer」が再生されるようになった

CHALLENGE 4 作ったゲームを誰かに遊んでもらおう

ついにゲームが完成しました！　あとは、このゲームを誰かに遊んでもらうだけです。CHALLENGE4では、『トゲトゲ△コロンワールド』を誰でも実行可能なファイルに変換する方法を解説します。

現在のところ、このゲームはUE5のエディタ上でのみ動いています。友人に遊んでもらおうと思ったら、友人のPCにもUE5をインストールし、使用していないアセットも含まれている「MyFirstGame」をダウンロードしてもらわないといけません。それではあまりに大変です。

ほかのPCでもUE5をインストールせずに起動できるゲームとしてゲームを出力することを「パッケージ化」と呼びます。パッケージ化を行い、ゲームをみんなに遊んでもらいましょう！

起動時に開かれるレベルを設定する

パッケージ化したゲームを起動した際、最初に開かれるレベルは、プロジェクト固有の設定に「デフォルトレベル」として指定されています。今回制作したプロジェクトはサードパーソンテンプレートをもとに作ったため、デフォルトレベルは「ThirdPersonMap」のままになっています。

このままではパッケージ化を行っても「ThirdPersonMap」が起動してしまい、「MyLevel」を遊べません。プロジェクトのデフォルトレベルを「MyLevel」に変更しましょう。

エディタ画面左上の「編集」メニューから「プロジェクト設定」を選択すると表示されるウィンドウで、プロジェクト固有の設定を変更します。

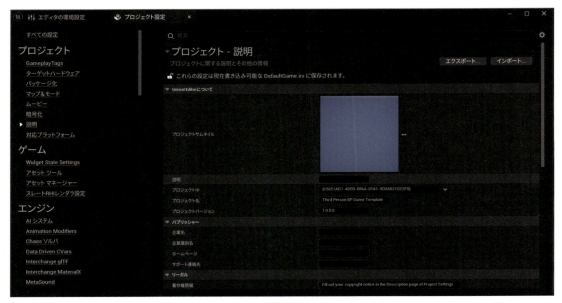

図4-1：プロジェクト設定では、デフォルトマップ以外にも、オーディオや描画など多岐にわたる設定が行える

プロジェクト設定の左側にあるリストから、「マップ＆モード」をクリックして移動しましょう。

図4-2：レベル関連の設定がまとまっている「マップ＆モード」を選択する

「Default Maps」→「ゲームのデフォルトマップ」を、「ThirdPersonMap」から「MyLevel」に変更しましょう。

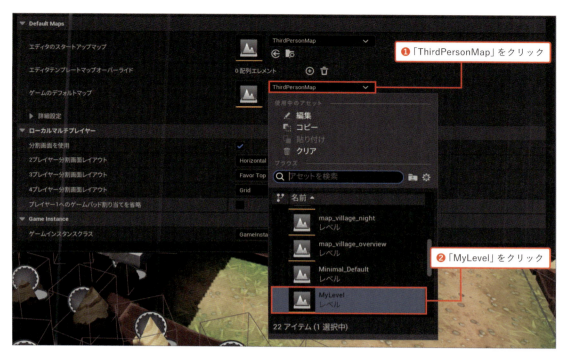

図4-3:「ゲームのデフォルトマップ」に設定したレベルが起動時に開かれる。今回は「MyLevel」を選ぼう

これで、パッケージ化したゲームのデフォルトレベルが「MyLevel」になりました。

なお、「エディタのスタートアップマップ」もMyLevelに変更しておくと、UE5のエディタを起動する際に「MyLevel」からスタートできます。

ゲームを遊べる形に出力する

「MyFirstGame」のパッケージ化を行いましょう。Windowsで遊べる形式でゲームを出力します。エディタ画面上部の「プラットフォーム」をクリックし、「Windows」→「プロジェクトをパッケージ化」を選択します。

図4-4：Windowsで遊べる形式でゲームを出力する。もちろん、Windows以外のプラットフォームに向けてパッケージ化することも可能だが、本書では取り扱わない

KEYWORD
プラットフォーム

ゲームにおけるプラットフォームとは、ゲームを起動するデバイスやハードウェアを指しています。例として、PlayStation 5やNintendo Switch、Xbox Series X|S、iOS/Android、あるいはPCなどが挙げられます。複数のプラットフォームに対応するゲームは「マルチプラットフォーム」と呼ばれます。

家庭用ゲーム機へのリリースを目指すためには、それぞれのプラットフォームへの開発者登録を行う必要があります。この本では、申請や設定が不要なWindows版ゲームとしてパッケージ化を行います。

「プロジェクトをパッケージ化」を選択すると、出力先のフォルダを選択するウィンドウが表示されます。特に希望がなければ、今回はデフォルトのままでも問題ありません。そのまま、ウィンドウ右下の「フォルダーの選択」をクリックしましょう。

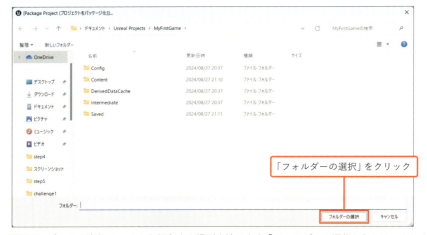

図4-5：ゲームの実行ファイルを保存する場所を決めたら「フォルダーの選択」をクリックしよう。デフォルトでは、プロジェクトフォルダの直下になる

その後、自動的に**パッケージ化が開始されます**。パッケージ化を行っている間は、画面右下に「Windowsのプロジェクトをパッケージ化しています」と書かれたウィンドウが表示されます。

図4-6：パッケージ化を行っている間は、このようなウィンドウが表示され続ける

パッケージ化の処理には時間がかかるため、気長に待ちましょう。現在行っている処理は画面左下の「出力ログを表示」をクリックすると表示されます。ちゃんとパッケージ化が進んでいるか確認するために、出力ログを表示してみましょう。

図4-7：出力ログ。パッケージ化の進捗状況が把握できるほか、パッケージ化に失敗した際はエラーが表示される

パッケージ化が正しく完了すると、画面右下に「**パッケージ化が完了しました！**」と書かれたウィンドウが現れます。これで、パッケージ化は完了です。

図4-8：プロジェクトに問題がなければ、無事にパッケージ化が完了する

> **POINT**
> ### パッケージ化に失敗したら
> 使うはずのアセットが消えてしまっているなどが原因でエラーが発生すると、パッケージ化は失敗してしまいます。
>
>
>
> パッケージ化に失敗している場合、画面右下にこのようなウィンドウが表示される
>
> パッケージ化に失敗したら、「**出力ログ**」をさかのぼって確認し、どのようなエラーが出ているかを確認しましょう。
>
> ログの中で、**赤文字で記載されているものがエラー**です。失敗の原因はさまざまであるため、ここでは個別のエラーについて扱うことはできませんが、基本的には「エラーの内容を読む」、「エラーメッセージをWebで検索する」といった手順で対応を行います。

出力されたゲームをプレイする

パッケージ化したゲームを確認しましょう。先ほど指定したフォルダに移動して、「Windows」フォルダが新たに生成されているかを確認します。プロジェクトを作成する際とパッケージ化の際、どちらもデフォルトのフォルダを指定していれば、出力されたゲームは「**ドキュメント/Unreal Projects/MyFirstGame**」の中にあります。

図4-9：プロジェクトフォルダの場所が分からない場合は、Epic Games Launcherからプロジェクトを右クリックし、メニューから「フォルダで開く」を選択しよう

「Windows」という名称のフォルダを開き、ゲームの実行ファイル「MyFirstGame」をダブルクリックして起動しましょう。ここまでの手順に問題がなければ、無事にゲームが起動するはずです。

図4-10：実行ファイルの名前はプロジェクト名と同じだ

図4-11：実行ファイル「MyFirstGame」を起動したら、自分が制作したゲームが始まる

先ほどの「Windows」フォルダをZIP形式などで圧縮すれば、誰にでもゲームを渡せる状態になります。USBメモリやクラウドストレージなどにコピーして、ご家族や友人に渡しましょう。これでようやく、自分が作ったゲームを誰かに遊んでもらえるようになりました！

COLUMN
この本を読み終えたあなたへ

ここまで、本当にお疲れ様でした！　本書を通してゲーム制作を楽しんでいただけたでしょうか？　本書はここで終わりですが、今回制作したゲームはまだまだ進化する余地が残っています。この先はレベルデザインをより洗練させたり、マーケットプレイスなどで手に入れた3Dモデルを使って見た目を豪華にしたり、あるいはステージを量産して遊びごたえのあるゲームに仕上げてみたりと、本当の意味での「自分だけのゲーム」を作ってみましょう！

さて、プロのゲーム制作の現場では、主に「企画系」「グラフィック系」「プログラム系」「サウンド系」に担当が分かれており、それぞれのプロフェッショナルがチームを組んで制作しています。皆さんの次のステップとして、本書を通して特に面白く感じた工程に関連する分野のスキルを伸ばしていくとよいでしょう。

最後に、興味のある分野別に、次のステップのオススメをお伝えします。

企画やレベルデザインが好きな方へ：
ゲームの企画やレベルデザインが好きな方は、今回のゲームを改造して"面白さ"を追求してみましょう。「動く床」を横ではなく上下に動かし、高低差を生かした遊びを増やすのもよいですし、見えないところからトゲが飛んでくる、初見クリアが難しい死にゲーを作るのもよいかもしれません。緻密にレベルデザインを行いアクションパズルにするのも面白そうですし、タイムアタックの要素を入れて、「リスクがある近道」と「安全だが遠回りな道」に分岐させるアイデアも考えられます。緊張と緩和のバランスを意識して、遊びがいのあるステージを作っていきましょう。

2D/3Dアートが好きな方へ：
イラストが描けたり、画像を加工したりするのが好きな方には、見た目がシンプルだったUIをブラッシュアップするのがオススメです。3Dモデル制作に興味がある方は、BlenderなどのDCCツールを用いてモデリングを行い、UE5にインポートしてみてもよいでしょう。キャラクターをオリジナルキャラに変える、背景を自作して現代風やSF風の背景に変えるなど、制作した3Dモデルを使えばゲームの世界観を大きく変えられます。

ゼロから分かるBlender講座 Vol.01 ―
キャラクターモデルを自作してゲームエンジンで動かすまでの最短チュートリアル
https://gamemakers.jp/article/2022_06_03_6965/

また、見た目全体の色調を変更する「ポストプロセス」もオススメです。スマートフォンで撮影した写真にフィルターをかけるようなイメージで、ゲーム全体の雰囲気を変えてみましょう。

写真フィルターのようにシーンの雰囲気を大きく変えるUE5「ポストプロセス」入門。デフォルト機能による調整と『Stylized – Dynamic Nature』による油絵風フィルター適用までを解説
https://gamemakers.jp/article/2022_12_23_25928/

プログラミングが好きな方へ：
もともとプログラミングに興味のある方や、ブループリントを使うのが面白く感じた方は、ギミックの種類を増やしたり、敵との戦闘要素を加えたりしてみてください。1つ仕組みを作れば、パワーアップアイテムや、ゲージを溜めて必殺技を出すシステムなど、どんどん発展させられます！　また、ステージを複数制作し、クリアしたら次のステージに進むシステムや、タイトル画面やステージ選択メニューを作ってみるのもよいでしょう。

さまざまなシステムの実装を経験した後は、プログラムの設計を学ぶのをオススメします。今回はなるべく手数の少ないかたちで実装を行いましたが、プログラムを学んで「クラス」の概念や「オブジェクト指向」の考え方を身に着けると、変更に強く拡張性の高いプログラムが作れるようになります。

サウンドが好きな方へ：
作曲などを行っている方は、なにはともあれ、まずはぜひ自分が制作したBGMやSEをゲーム内で使ってみましょう。ゲーム体験がガラッと変わるはずです。

ゲームサウンドは「BGM（音楽）」「SE（効果音・環境音）」「ダイアログ（ボイス）」に分けられます。BGMは、インポートした音声アセットをレベル上にドラッグ＆ドロップで配置することで簡単に再生できます。また、ジャンプした瞬間など特定のタイミングでSEを再生したい場合は、対象のブループリントを編集してSEを呼び出す方法が一般的です。

また、再生方法については2Dオーディオ/3Dオーディオに大別できます。BGMやカーソルの移動・決定などのシステム系SEなど「音声ファイルをそのまま再生したい場合」は2Dオーディオ、ゲーム内に存在する音を出す対象（例えば自動車や生き物の鳴き声）など、プレイヤーとの距離に応じて減衰したり回折したりする場合は3Dオーディオを用います。これらを使い分けながら、自分だけのサウンドスケープを作っていきましょう。

イチから教えるUE標準サウンド機能の使い方ーー初歩的なSEの鳴らし方から3Dオーディオの適用方法までを動画付きで解説
https://gamemakers.jp/article/2023_03_10_31608/

このように、ゲーム制作は、やればやるほどできることが増えていく非常に奥深いものです。本書を完走したみなさんはすでに、ゲームのコンテストイベントやゲームジャムに参加するスキルが身についています。さらにスキルを身に着け、自身で制作したゲームでインディーゲームイベントに出展することもできるでしょう。ぜひこの勢いで、ゲーム制作を継続的に楽しんでもらえると嬉しいです！

index

数字とアルファベット

3Dオーディオ	140
3Dモデル	32
Add to Viewport	152
Blocking Volume	105
Boolean	81
Box Collision	66
Branch	72
Cast	175
Create Widget	151
Delay	69
Destroy Actor	68
Enhanced Input	162
Epic Games	8
Epic Games Launcher	11
Epic Games Store	10
Epic Games アカウント	10
Equal(==)	72
Event BeginPlay	49
Execute Console Command	157
Float	81
GameMode	163
Get	73
GPU	9
Integer	81
Is Valid	168
Niagara	134
On Component Begin Overlap	67, 174
Player Controller	73
PlayerStart	31
Self	177
Simulate Physics	26
String	81
UI	43
Unreal Engine マーケットプレイス	96

あ行

アウトライナー	116, 185
アクタ	53
アセット	96
遊日コロン	34
当たり判定	66
アニメーション	39
アンカー	148
アンリアルエンジン	8
移動ツール	22
イベント	49
イベントグラフ	56
ウィジェット	142
ウィジェットブループリント	143
エディタのスタートアップマップ	199
エフェクト	32
オーバーライド	166
オブジェクト	18
オブジェクト参照	165
親関数への呼び出しを追加	169

か行

階層ウィンドウ	145
回転ツール	24
カットシーン	183
キーフレーム	60
キーボー	104
キャンバスパネル	146
球	25
キューブ	54
クラスのデフォルト	172
グラフエディタ	57
「グラフ」タブ	144
グリッドスナップ	86
グレーボクシング	84
グレーボックス	84
ゲームエンジン	8
ゲームモードオーバーライド	179
ゲームモードベース	163
構造体ピンを分割	62
ここからプレイ開始	64
コリジョン	66
コンテンツドロワー	32
コンパイル	63
コンポーネント	80

さ行

サードパーソンテンプレート	17
再生コントロール	185
サウンド	43
サウンドウェーブ	140
サウンドエフェクト	132
サウンドキュー	140
シーケンサー	183
シーケンサーエディタ	184
実行ピン	48
出力ログ	201

詳細パネル	78
スカルプト	112
スケールツール	24
スターターコンテンツ	17
スタティックメッシュコンポーネント	132
セマンティック バージョニング	14
選択モード	109
ソースコード	46

た行

タイムライン	58, 185
ツールバー	185
テキスト	146
テクスチャ	33
「デザイナー」タブ	144
デバッグ	44
デフォルトレベル	197
トゲトゲ△コロンワールド	40
トラック	185
トランスフォーム	24, 55

な行

ノード	47

は行

パースペクティブ	30
バグ	44
パッケージ化	197
パッチバージョン	14
パレットウィンドウ	145
ビジュアルエフェクト	43
ビジュアルデザイナウィンドウ	145
ビューポート	18
ピン	48
プラットフォーム	200
ブループリント	32
プレイ	18
フレーム	186
フロートトラック	59
プログラミング	42
プロジェクト	16
プロジェクト設定	197
プロジェクトブラウザ	16
プロトタイプ	9
ペイント	116
変数	77

ま行

マイナーバージョン	14
マテリアル	32
ムラスケ	104
メジャーバージョン	14
モデリングモード	105

や行

ユーザーウィジェット	144

ら行

ライブラリ	13
ランドスケープ	109
ランドスケープマテリアル	116
ランドスケープモード	109
レベル	23, 82
レベルシーケンス	183
レベルシーケンスアクタ	192
レベルデザイン	42, 84
ワールドセッティング	178
ワイヤー	49

著者紹介

ゲームメーカーズ

ゲームメーカーズは、ゲームづくりに関する情報を発信するWebメディアです。ゲームづくりを始めるきっかけや、ツールの最新情報、クリエイターインタビュー、ゲームづくりTipsなどを取り扱っています。

https://gamemakers.jp/

本書制作スタッフ

- ■カバーイラスト　　押野 汐
- ■カバーデザイン　　宮嶋 章文
　　　　　　　　　　（朝日新聞メディアプロダクション）
- ■本文DTP　　　　関口 忠
- ■本文編集　　　　藤縄 優佑・澤田 竹洋
　　　　　　　　　　（浦辺制作所）

ゲームメーカーズ スタッフ

- ■ディレクション　　　　　神山 大輝
- ■コンテンツ企画・原案　　佐々木 瞬
- ■執筆　　　　　　　　　　神谷 優斗・山野 瑞生
　　　　　　　　　　　　　　神山 大輝
- ■イラストディレクション　有末 けい・最上 大河
- ■スペシャルサンクス　　　黒澤 徹太郎・本澤 芽衣

\#休日ゲーム開発部
土日で始めるゲームづくり for UE5

2024年9月25日　初版第1刷発行

編著者	ゲームメーカーズ編集部
発行人	新 和也
制作進行	堀越 祐樹
発行	株式会社ボーンデジタル

〒102-0074
東京都千代田区九段南1丁目5番5号 九段サウスサイドスクエア
Tel：03-5215-8671　　Fax：03-5215-8667
https://www.borndigital.co.jp/book/
お問い合わせ先：https://www.borndigital.co.jp/contact

印刷・製本　　シナノ書籍印刷株式会社

ISBN978-4-86246-588-7
Printed in Japan

Copyright©2024 historia Inc.
All rights reserved.

価格はカバーに記載されています。乱丁、落丁等がある場合はお取り替えいたします。
本書の内容を無断で転記、転載、複製することを禁じます。